高等学校环境艺术设计专业教学丛书暨高级培训教材

表 现 技 法

（第二版）

清华大学美术学院环境艺术设计系

刘铁军 杨冬江 林 洋 编著

中国建筑工业出版社

图书在版编目(CIP)数据

表现技法/刘铁军，杨冬江，林洋编著. —2版. —北京：
中国建筑工业出版社，2006
(高等学校环境艺术设计专业教学丛书暨高级培训教材)
ISBN 978-7-112-08758-7

Ⅰ. 表… Ⅱ. ①刘…②杨…③林… Ⅲ. 建筑艺术—绘
画—技法(美术)—高等学校—教材 Ⅳ. TU204

中国版本图书馆CIP数据核字(2006)第099622号

本书主要内容有：表现技法简述、室内设计表现图基本要素、室内设计表现图的基础技法、室内设计表现图分类技法、室内设计表现图综合技法及快速表现技法等。

本书可作为高等院校环境艺术设计专业的教学用书，同时也面向各类成人教育专业培训班的教学，也可作为专业设计师和专业从业人员提高专业水平的参考书。

* * *

责任编辑：胡明安 姚荣华
责任设计：董建平
责任校对：王 侠 王雪竹

高等学校环境艺术设计专业教学丛书暨高级培训教材
表 现 技 法
(第二版)
清华大学美术学院环境艺术设计系
刘铁军 杨冬江 林 洋 编著
*
中国建筑工业出版社出版、发行(北京西郊百万庄)
各地新华书店、建筑书店经销
北京天成排版公司制版
北京中科印刷有限公司印刷
*
开本：880×1230毫米 1/16 印张：3 插页：54 字数：250千字
2006年10月第二版 2011年10月第二十三次印刷
定价：**50.00**元
ISBN 978-7-112-08758-7
(15422)

本社网址：http：//www.cabp.com.cn
网上书店：http：//www.china-building.com.cn

第二版编者的话

艺术，在人类文明的知识体系中与科学并驾齐驱。艺术，具有不可替代完全独立的学科系统。

国家与社会对精神文明和物质文明的需求，日益倚重于艺术与科学的研究成果。以科学发展观为指导构建和谐社会的理念，在这里决不是空洞的概念，完全能够在艺术与科学的研究中得到正确的诠释。

艺术与科学的理论研究是以艺术理论为基础向科学领域扩展的交融；艺术与科学的理论研究成果则通过设计与创作的实践活动得以体现。

设计艺术学科是横跨于艺术与科学之间的综合性边缘性学科。艺术设计专业产生于工业文明高度发展的20世纪。具有独立知识产权的各类设计产品，以其艺术与科学的内涵成为艺术设计成果的象征。设计艺术学科的每个专业方向在国民经济中都对应着一个庞大的产业，如建筑室内装饰行业、服装行业、广告与包装行业等。每个专业方向在自己的发展过程中无不形成极强的个性，并通过这种个性的创造以产品的形式实现其自身的社会价值。

正是因为这样的社会需求，近年来艺术设计教育在中国以几何级数率飞速发展，而在所有开设艺术设计专业的高等学校中，选择环境艺术设计专业方向的又占到相当高的比例。在这套教材首版的1999年，可能还是环境艺术设计专业教材领域为数不多的一两套之列。短短的五六年间，各种类型不同版本的专业教材相继面世。编写这套教材的中央工艺美术学院环境艺术设计系，也在国家高校管理机制改革中迅即转换成为清华大学的下属院系。研究型大学的定位和争创世界一流大学的目标，使环境艺术设计系在教学与科研并行的轨道上，以快马加鞭的运行状态不断地调整着自身的位置，以适应形势发展的需求，这套教材就是在这样的背景下修订再版的，并新出版了《装修构造与施工图设计》，以期更能适应专业新的形势的需要。

高等教育的脊梁是教师，教师赖以教学的灵魂是教材。优秀的教材只有通过教师的口传身授，才能发挥最大的效益，从而结出累累的教学成果。教师教材之于教学成果的关系是不言而喻的。然而长期以来艺术高等教育由于自身的特殊性，往往采取一种单线师承制，很难有统一的教材。这种方法对于音乐、戏剧、美术等纯艺术专业来讲是可取的。但是作为科学与艺术相结合的高等艺术设计专业教育而言则很难采用。一方面需要保持艺术教育的特色，另一方面则需要借鉴理工类专业教学的经验，建立起符合艺术设计教育特点的教材体系。

环境艺术设计教育在国内的历史相对较短。由于自身的特殊性，其教学模式和教学方法与其他的高等教育相比有着很大的差异。尤其是艺术设计教育完全是工业化之后的产物，是介于艺术与科学之间边缘性极强的专业教育。这样的教育背景，同时又是专业性很强的高校教材，在统一与个性的权衡下，显然两者都是需要的。我们这样大的一个国家，市场需求如此之大，现在的教材不是太多，而是太少，尤其是适用的太少。不能用同一种模式和同一种定位来编写，这是摆在所有高等艺术设计教育工作者面前的重要课题。

当今的世界是一个以多样化为主流的世界。在全球经济一体化的大背景下，艺术设计领域反而需要更多地强调个性，统一的艺术设计教育模式无论如何也不是我们的需要。只有在多元的撞击下才能产生新的火花。作为不同地区和不同类型的学校，没有必要按照统一的模式来选定自己的教材体系。环境艺术设计教育自身的规律，不同层次专业人才培养的模式，以及不同的市场定位需求，应该成为不同类型学校制定各自教学大纲选定合适教材的基础。

环境艺术设计学科发展前景光明，从宏观角度来讲，环境的改善和提高是一个重要课题。从微观的层次来说中国城乡环境的设计现状之落后为科学的发展提供了广大的舞台，环境艺术设计课程建设因此处于极为有利的位置。因为，环境艺术设计是人类步入后工业文明信息时代诞生的绿色设计系统，是艺术与艺术设计行业的主导设计体系，是一门具有全新概念而又刚刚起步的艺术设计新兴专业。

清华大学美术学院环境艺术设计系

2005 年 5 月

第一版编者的话

自从1988年国家教育委员会决定在我国高等院校设立环境艺术设计专业以来，这个介于科学和艺术边缘的综合性新兴学科已经走过了十年的历程。

尽管在去年新颁布的国家高等院校专业目录中，环境艺术设计专业成为艺术设计学科之下的专业方向，不再名列于二级专业学科，但这并不意味环境艺术设计专业发展的停滞。

从某种意义上来讲也许是环境艺术设计概念的提出相对于我们的国情过于超前，虽然十年间发展迅猛，在全国数百所各类学校中设立，但相应的理论研究滞后，专业师资与教材奇缺，社会舆论宣传力度不够，导致决策层对环境艺术设计专业缺乏了解，造成了目前这样一种局面。

以积极的态度来对待国家高等院校专业目录的调整，是我们在新形势下所应采取的惟一策略。只要我们切实做好基础理论建设，把握机遇，勇于进取，在艺术设计专业的领域中同样能够使环境艺术设计在拓宽专业面与融汇相关学科内容的条件下得到长足的进步。

我们的这一套教材正是在这样的形势下出版的。

环境艺术设计是一门新兴的建立在现代环境科学研究基础之上的边缘性学科。环境艺术设计是时间与空间艺术的综合，设计的对象涉及自然生态环境与人文社会环境的各个领域。显然这是一个与可持续发展战略有着密切关系的专业。研究环境艺术设计的问题必将对可持续发展战略产生重大的影响。

就环境艺术设计本身而言，这里所说的环境，是包括自然环境、人工环境、社会环境在内的全部环境概念。这里所说的艺术，则是指狭义的美学意义上的艺术。这里所说的设计，当然是指建立在现代艺术设计概念基础之上的设计。

“环境艺术”是以人的主观意识为出发点，建立在自然环境美之外，为人对美的精神需求所引导，而进行的艺术环境创造。如大地艺术、人体行为艺术由观者直接参与，通过视觉、听觉、触觉、嗅觉的综合感受，造成一种身临其境的艺术空间，这种艺术创造既不同于传统的雕塑，也不同于建筑，它更多地强调空间氛围的艺术感受。它不同于我们今天所说的环境艺术，我们所研究的环境艺术是人为的艺术环境创造，可以自在于自然界美的环境之外，但是它又不可能脱离自然环境本体，它必需植根于特定的环境，成为融汇其中与之有机共生的艺术。可以这样说，环境艺术是人类生存环境的美的创造。

“环境设计”是建立在客观物质基础上，以现代环境科学研究成果为指导，创造生态系统良性循环的人类理想环境，这样的环境体现于：社会制度的文明进步，自然资源的合理配置，生存空间的科学建设。这中间包含了自然科学和社会科学涉及的所有研究领域。因此环境设计是一项巨大的系统工程，属于多元的综合性边缘学科。

环境设计以原在的自然环境为出发点，以科学与艺术的手段谐调自然、人工、社会三类环境之间的关系，使其达到一种最佳的运行状态。环境设计具有相当广的涵义，它不仅包括空间环境中诸要素形态的布局营造，而且更重视人在时间状态下的行为环境的调节控制。

环境设计比之环境艺术具有更为完整的意义。环境艺术应该是从属于环境设计的子系统。

环境艺术品也可称为环境陈设艺术品，它的创作是有别于艺术品创作的。环境艺术品的概念源于环境艺术设计，几乎所有的艺术与工艺美术门类，以及它们的产品都可以列入环境艺术品的范围。但只要加上环境二字，它的创作就将受到环境的限定和制约，以达到与所处环境的和谐统一。

为了不使公众对环境设计概念的理解产生偏差，我们仍然对环境设计冠以“环境艺术设计”的全称，以满足目前社会文化层次认识水平的需要。显然这个词组包括了环境艺术与设计的全部概念。

中央工艺美术学院环境艺术设计专业是从室内设计专业发展变化而来的。从五六十年代的室内装饰、建筑装饰到七八十年代的工业美术、室内设计再到八九十年代的环境艺术设计，时间跨越四十余年，专业名称几经变化，但设计的对象始终没有离开人工环境的主体——建筑。名称的改变反映了时代的发展和认识水平的进步。以人的物质与精神需求为目的，装饰的概念从平面走向建筑空间，再从建筑空间走向人类的生存环境。

从世界范围来看，室内装饰、室内设计、环境艺术、环境设计的专业设置与发展也是不平衡的，认识也是不一致的。面临信息与智能时代的来临，我们正处在一个多元的变革时期，许多没有定论的问题还有待于时间和实践的检验。但是我们也不能因此而裹足不前，以我们今天对环境艺术设计的理解来界定自身的专业范围和发展方向，应该是符合专业高等教育工作者的责任和义务的。

按照我们今天的理解，从广义上讲，环境艺术设计如同一把大伞，涵盖了当代几乎所有的艺术与设计，是一个艺术设计的综合系统。从狭义上讲，环境艺术设计的专业内容是以建筑的内外空间环境来界定的，其中以室内、家具、陈设诸要素进行的空间组合设计，称之为内部环境艺术设计；以建筑、雕塑、绿化诸要素进行的空间组合设计，称之为外部环境艺术设计。前者冠以室内设计的专业名称，后者冠以景观设计的专业名称，成为当代环境艺术设计发展最为迅速的两翼。

广义的环境艺术设计目前尚停留在理论探讨阶段，具体的实施还有待于社会环境的进步与改善，同时也要依赖于环境科学技术新的发展成果。因此我们在这里所讲的环境艺术设计主要是指狭义的环境艺术设计。

室内设计和景观设计虽同为环境艺术设计的子系统，但从发展来看室内设计相对成熟。从 20 世纪 60 年代以来室内设计逐渐脱离建筑设计，成为一个相对独立的专业体系。基础理论建设渐成系统，社会技术实践成果日见丰厚。而景观设计的发展则相对落后，在理论上还有不少界定含混的概念，就其对“景观”一词的理解和景观设计涵盖的内容尚有争议，它与城市规划、建筑、园林专业的关系如何也有待规范。建筑体以外的公共环境设施设计是环境设计的一个重要部分，但不一定形成景观，归类于景观设计中也不完全合适，所以对景观设计而言还有很长一段路要走。因此我们这套教材的主要内容还是侧重于室内设计专业。

不管怎么说中央工艺美术学院环境艺术设计系毕竟走过了四十余年的教学历程，经过几代人的努力，依靠相对雄厚的师资力量，建立起完备的教学体系。作为国内一流高等艺术设计院校的重点专业，在环境艺术设计高等教育领域无疑承担着学术带头的重任。基于这样的考虑，尽管深知艺术类教学强调个性的特点，忌专业教材与教学方法的绝对统一，我们还是决定出版这样一套专业教材，一方面作为过去教学经验的总结，另一方面是希望通过这套书的出版，促进环境艺术设计高等教育更快更好地发展，因为我们深信 21 世纪必将是世界范围的环境设计的新世纪。

中央工艺美术学院环境艺术设计系

1999 年 3 月

目　　录

第 1 章　表现技法简述

第 2 章　室内设计表现图基本要素

第 3 章　室内设计表现图的基础技法(第一单元)

第 4 章　室内设计表现图分类技法(第二单元)

第5章 室内设计表现图综合技法及快速表现技法(第三单元)

第1章　表现技法简述

1.1　表现技法的定义和表现技法的作用

室内设计表现技法是指可以通过图像 (图形) 来表现室内设计思想和设计概念的视觉传递技术。包括：正投影制图、室内设计表现图 (又称室内透视效果图)、模型、计算机动画、摄影、录像等表现手段。

设计师用图像表现自己的设计，推销自己的设计。对设计师来说，把构思出来的想法变成画面中精美的图像，进而实施变成现实，是一个令人着迷、令人激动的过程，也是设计师最大的满足和乐趣。

在众多的室内设计表现技法中，正投影制图专业性强、表现精确，成为室内设计定案和施工的科学依据。有专门的制图课程进行更详细的讲解。

室内设计表现图能形象直观地表现室内空间，营造室内气氛，观赏性强，具有很强的艺术感染力。在设计投标、设计定案中起很重要的作用。往往一张室内效果图的好坏直接影响该设计方案的审定。因为效果图最容易被甲方和审批者所关注，它提供了工程竣工后的效果，有着先入为主的感染力，有助于得到甲方和审批者的认可和取用。和其他表现手段相比，室内设计表现图具有绘制相对容易、速度快等优点，成为我们环境设计系的“看家功夫”。

随着计算机技术的发展，应用软件为我们提供了无限描绘室内空间的方法，引发了新的图像技术革命。计算机辅助设计制图 Auto CAD 已成为专业制图和透视图绘制方法的主流(在建筑设计领域更为突出)，把繁琐复杂的四维空间形象地绘制在二维空间上，运用计算机绘图、计算机三维动画、摄影、录像等综合手法，能更真实地反映室内空间状态及构造、装修材料的质感及光影的表现。计算机已成为绘图成套工具中最实用的工具之一。

1.2　室内设计表现图的绘画特点

室内设计表现图不同于专业性很强的技术图纸，它能更形象、更具体、更生动地表达设计意图、设计构思，这就要求学生要有一定的美术基础和绘画技能。但不等于说仅会绘画，就能完全掌握室内设计的表现技法，它和真正的绘画艺术作品还有一定的区别。纯绘画作品是画家个人思想感情的表露，比较个体，画家在绘画时并不在乎他人的感受与认可，无论何种表现形式都是可以的，画种的选择上也很单一。而表现图的最终目的是体现设计者的设计意图，并使观者(包括：甲方、审批者等)能够认可你的设计。表现图更在乎他人的感受和认可，这一点非常重要，所以作为设计的表现图，则要求画面效果要忠于实际空间，画面要简洁、概括、统一，有一定程式化的画法。一张表现图，可以用一两种技法进行表现，也可以是多种技法的综合表现，手段不限，是绘画技能和自身的设计水平的综合体现。

室内设计表现图根据绘画手法的不同，颜料、绘制工具的不同又分许多种(如：有水粉画法、透明水色画法、马克笔画法、喷笔画法及计算机绘图技法等)，但不论室内设计表现图的技法有多么丰富，它始终是科学性和艺术性相统一的产物。

它的科学性在于：室内设计表现图首先要有准确的空间透视，运用画法几何的方法绘制透视是比较严谨、复杂的过程。要表现精确尺度，包括室内空间界面的尺度(如顶棚的高度、墙面的宽度等)；装修构造的尺度(如门、窗的尺度，材料分割的尺寸等)；家具陈设的尺度。还要表现材料的真实固有色彩和质感，要尽可能真实地表现光、物体阴影的变化。

它的艺术性在于：室内设计表现图虽然不能等同于纯绘画的艺术表现形式，但它毕竟与艺术有不可分割的血缘关系。一张精美的室内设计表现图同时也可作为观赏性很强的美术作品，绘画中所体现的艺术规律也同样适合于表现图中，如整体统一、对比调和、秩序节奏、变化韵律等。绘画中的基本问题，如素描和色彩关系、画面虚实关系、构思法则等在表现图中同样遇到。室内设计表现图中体现的空间气氛、意境、色调的冷和暖同样靠绘画手段来完成。作为设计表现图则要求画面效果要忠实于空间实际，画面要简洁、概括、统一。

1.3　室内设计表现图的绘制程序

绘制室内设计表现图要有一个过程，正确掌握绘制程序对表现图技法的提高有很大的帮助，能少走弯路。

要说明一点，在绘制表现图之前，设计方面的问题已基本完成，包括：平面布置、空间组织与划分，造型、色彩、材料的设计。常看到有些同学边画表现图边设计，画面上涂改的遍数多，会影响画面的视觉效果，影响绘画者的情绪和绘画质量，最好的做法是先设计后画表现图。这样才能做到在绘制透视图时有的放矢，在绘制表现图时胸有成竹。但不等于说设计方面的问题已经完全解决，在表现图中能直接反映设计中的诸多问题，如有不尽人意的地方，可以及时修改。可以说画室内设计表现图的过程也是设计再深入再完成的过程。当然根据每个人的绘画习惯、绘制特点，在绘制过程中还会有一定的差异。

1. 整理好绘画环境。环境的清洁整齐有助于绘画情绪的培养，使其轻松顺手，各种绘图工具应齐备，并放置在合适的位置。

2. 充分进行室内平面图、立面图的设计思考和研究，了解委托者的要求和愿望。对经济要素的考虑与材料的选用，一般来说在绘制表现图前，设计的问题已基本解决。

3. 根据表达内容的不同，选择不同的透视方法和角度。如一点平行透视或两点成角透视，一般应选取最能表现设计者意图的方法和角度。

4. 为了保证表现图的清洁，在绘制前要拷贝底稿，准确地画出所有物体的轮廓线。根据表现技法的不同，可选用不同的描图笔，如铅笔、签字笔、一次性绘图笔或钢笔等。

5. 根据使用空间的功能，选择最佳的绘画技法，或按照委托图纸的交稿时间，决定采用快速还是精细的表现技法。

6. 按照先整体后局部的顺序作画。要做到：整体用色准确、落笔大胆、以放为主，局部小心细致、行笔稳健、以收为主。绘制表现图的过程也是设计再深入再完善的过程。

7. 对照透视图底稿校正。尤其是水粉画法在作画时易破坏轮廓线，需在完成前予以校正。

8. 依据室内设计表现图的绘画风格与色彩选定装裱的手法。

绘制程序：

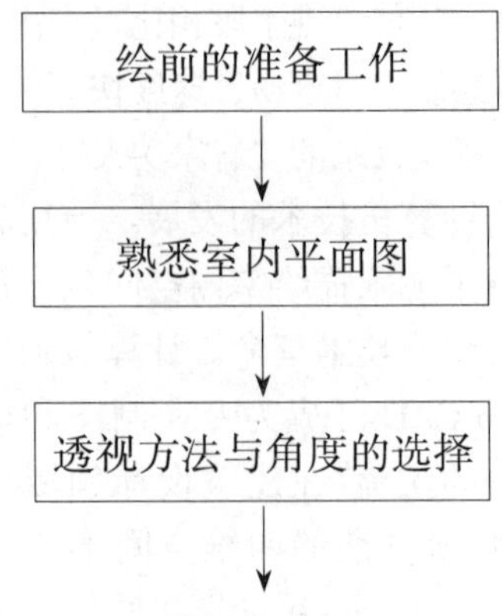

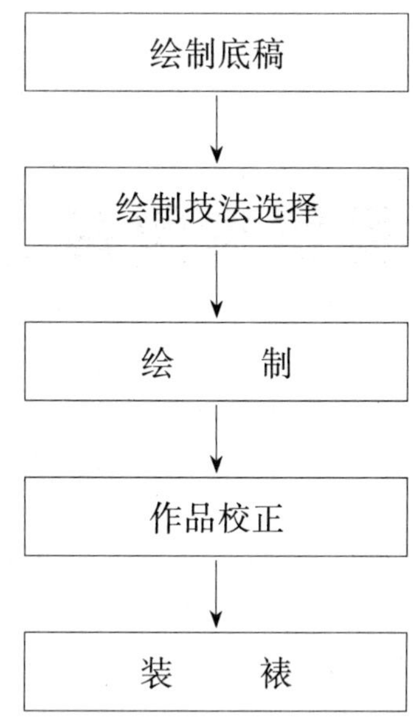

1.4　表现技法课程的设置安排及特点

表现技法课属于专业技能的培养和训练，但一张效果图却是绘画技法和设计水平的综合体现，不能一味地强调技法，更不能忽视设计思想。在教学的过程中经常发现有些同学在学习一个阶段的表现技法课之后，有了不同程度地提高，再想提高就很难，于是出现一个相对停滞的时期。这时就应面对现实，暂时放笔，多看、多分析好的作品，从中汲取他人的优点，在表现技能日臻完善的同时，努力提高自身的设计水平，经过这个时期效果图就会有明显的长进。

因此，课程安排上，采取阶段式、循序渐进的教学方式。每个阶段有不同的侧重点。绘画技法的训练和设计课交错进行，使学生的专业表现技能得到本质的提高，课程安排如下表：

项目／年度	表现图技法训练	周数
一	基本技法(工具使用、拷贝、裱纸、涂色等)、简单的室内表现图	4周
二	分类表现技法(空间、光影、质感、器物等)、复杂的室内表现图	4周
三	精细的多种技法(水彩、透明水色、水粉等)、室内表现图	4周
四	各类室内与建筑的快速表现技法及综合技法表现(铅笔、钢笔、马克笔等)	4周

第 2 章　室内设计表现图基本要素

进行室内设计表现图创作时，都有一个绘图的技法、技能问题。室内表现图的绘制依赖三种技法、技能，它们也是构成室内设计表现技法的三个基本要素，即：透视基础、素描基础和色彩基础。

运用画法几何的画法绘制透视图，是室内表现图的技术基础，虽然绘制透视图的过程比较严谨、枯燥，但通过一定时间的强化训练容易掌握。

素描基础和色彩基础是美术绘画能力问题，非一招一式就能练好的，要经过长时间的积累、沉淀，是绘画者自身艺术修养的体现。

2.1　透　视　基　础

透视效果图是一种将三维空间的形体转换成具有立体感的二维空间画面的绘画技法，掌握基本的透视制图法则，是绘制透视效果图的基础。

作为室内设计经常使用的透视图画法有以下几种：

1. 一点透视

一点透视表现范围广，纵深感强，绘制相对容易。

2. 两点透视

两点透视画面效果比较自由、活泼，反映空间比较接近人的直接感觉。

3. 轴测图

轴测图能够再现空间的真实尺度，反映功能性室内区域的分割，但不符合人的实际情况，严格地讲不属于透视的范围。

4. 电脑辅助透视制图

电脑辅助透视制图能自由设定视点、视高，优化选择最佳视觉范围，不受纸张大小的限制，适合室内界面变化多，有曲面、曲线的透视场面。

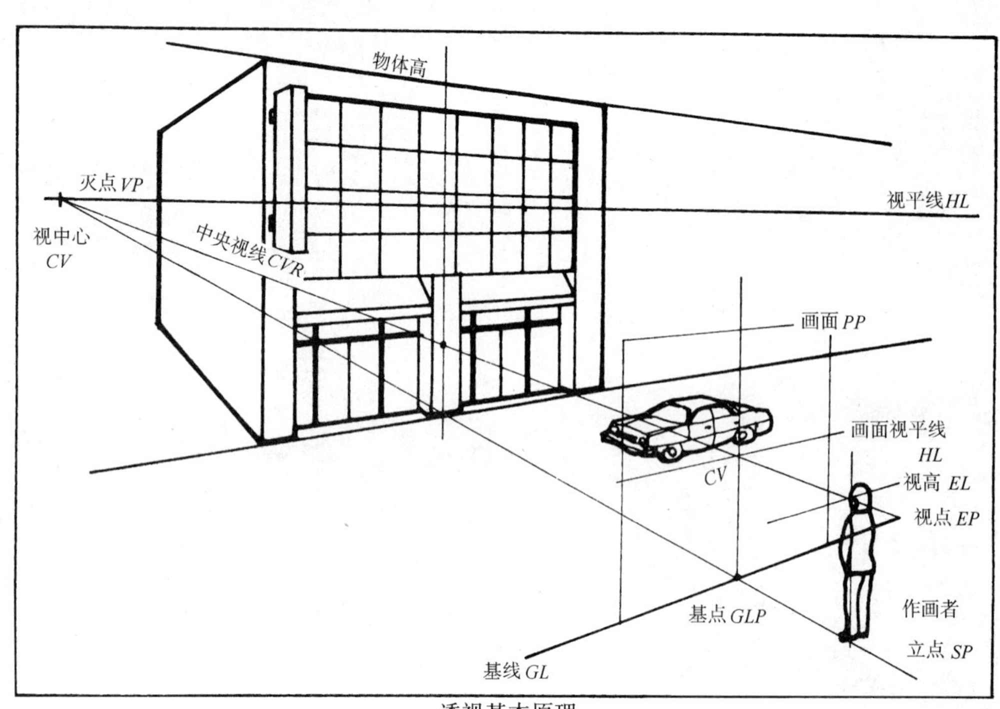

透视基本原理

2.1.1 一点平行透视

1. 这是一种简易的室内平行透视画法。首先按实际比例确定宽和高 $ABCD$。然后利用 M 点，即可求出室内的进深 $AB-ab$。

M 点与灭点 VP 任意定。

$A-B=6$m（宽）

$A-C=3$m（高）

视高 $EL=1.6$m

$A-a=4$m（进深）

2. 从 M 点分别将1234划线与 $A-a$ 相交，其相交各点 $1'2'3'4'$ 即为室内的进深。

3. 利用平行线画出墙壁与天井的进深分割线，然后从各点向 VP 引线。

4. 右图 3 的灭点在室内的正中央，为绝对平行透视，因此视觉感稳定。右图 4 的灭点向画面左侧移位，离开正中心为相对平行透视，只要灭点不超过 2～3 点的画面 1/3 范围视觉感较为稳定，如需要超出，请选用两点图法。

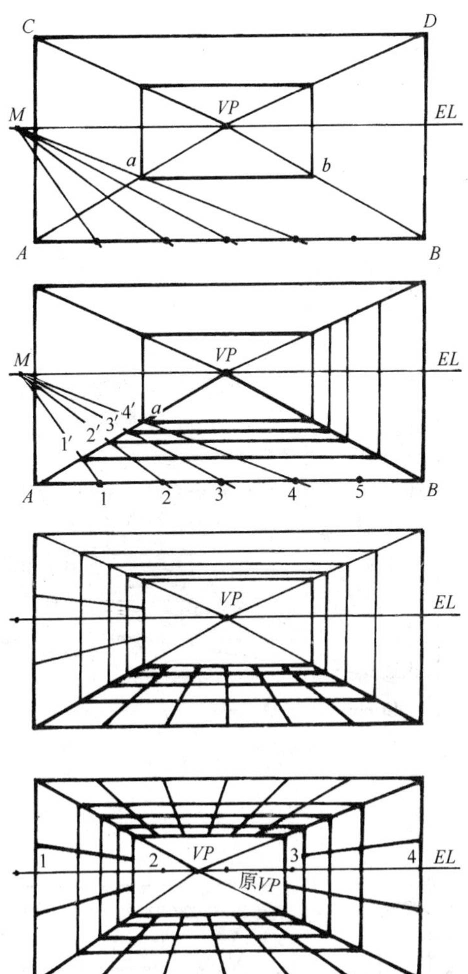

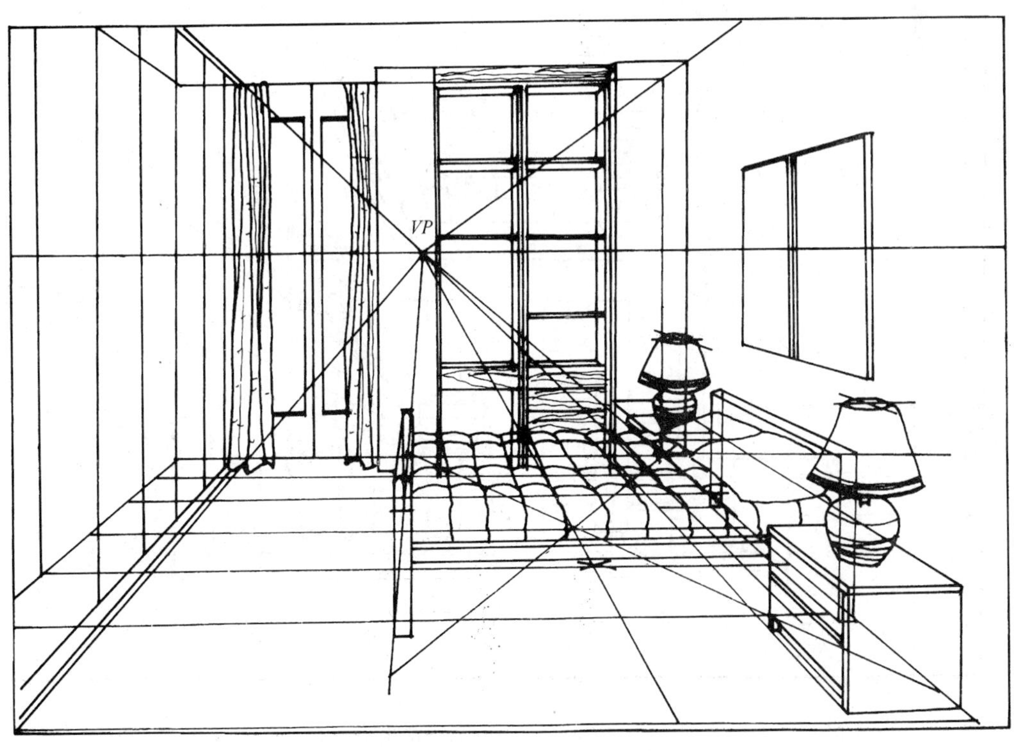

一点透视线图（*a*）

一点透视线图（*b*）

2.1.2 两点成角透视

两点成角透视图作图步骤：

1. 当灭点 VP 超出画面中央 1/3 处时，为避免视觉有不稳定感，应修正视觉误差。采用简略两点图法，既可使画面稳定，又能避免画面呆板。

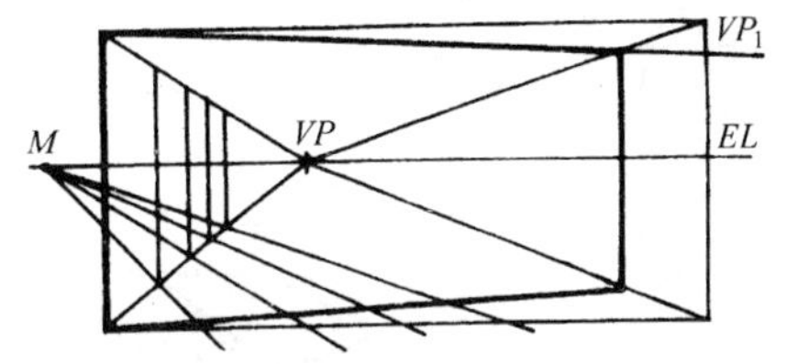

先用 M 点求出室内的进深，然后任意定出 VP_1 灭点线。

2. 先求点 1 的透视线。

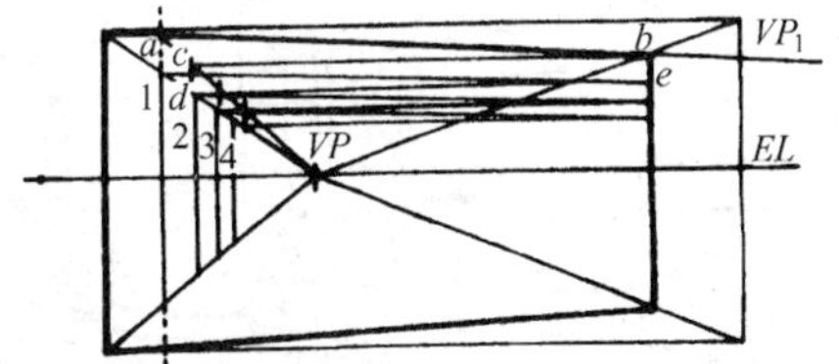

延长点 1 的垂直线，求出 a 点，再作 c 点的垂直线求出 d 点。

再由 d 点画水平线求出 e 点，e 和 1 连接即可得到 1 的透视线。

2、3、4 点的透视线由此方法推移。

3. 最后作 5、6、7、8 点的垂直线。

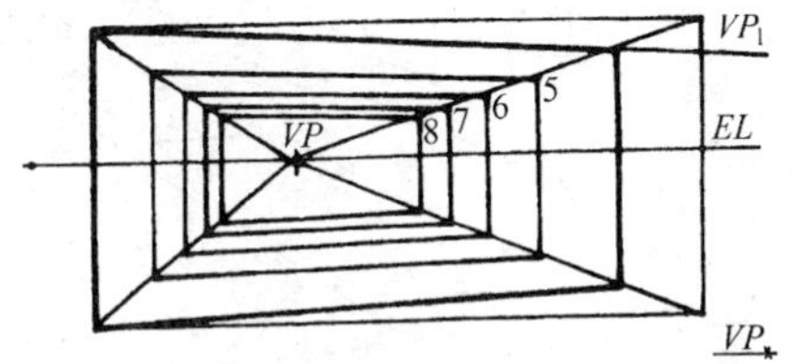

4. 右图 4 的灭点继续向画面左边移动，当灭点离边线过近时，上述方法已不适宜。需采用对角线与中心线分割法求出各透视点。

先用 M 点求出室内的进深 $A-a$，再按下列顺序作图：1、2、3、4、5、6、7、8……。

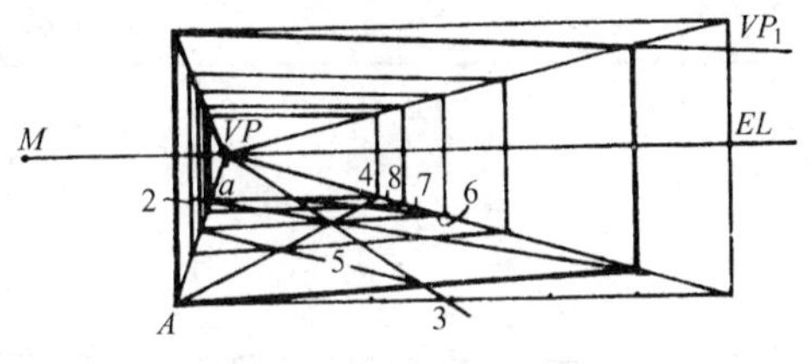

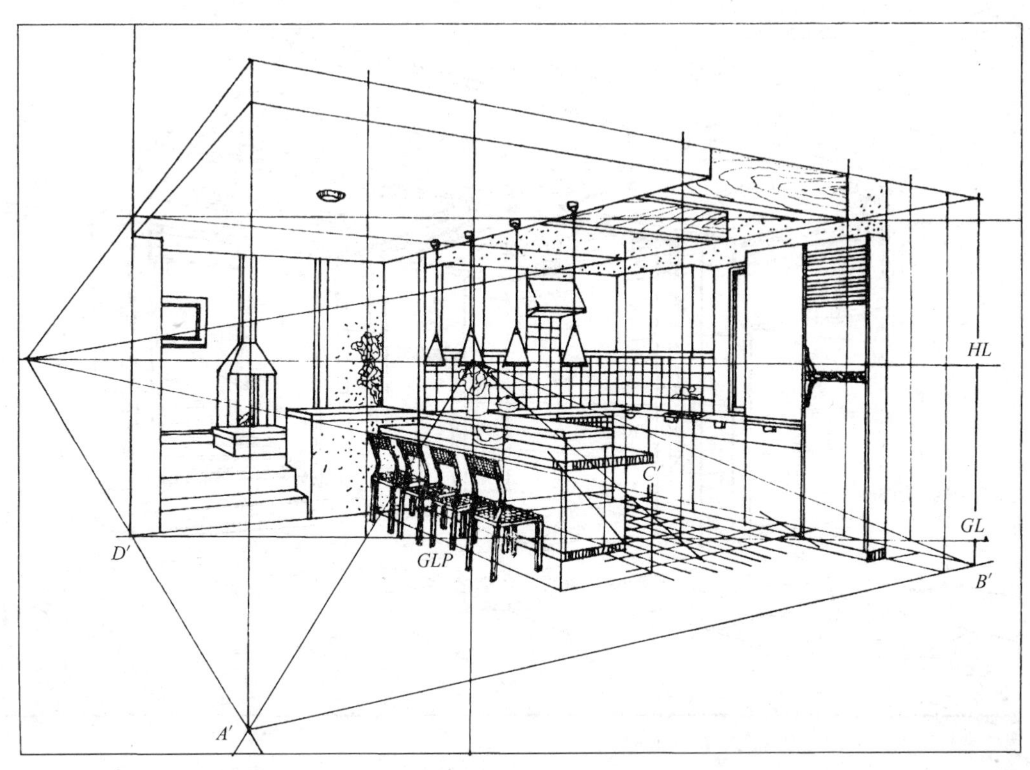

两点成角透视线图（a）

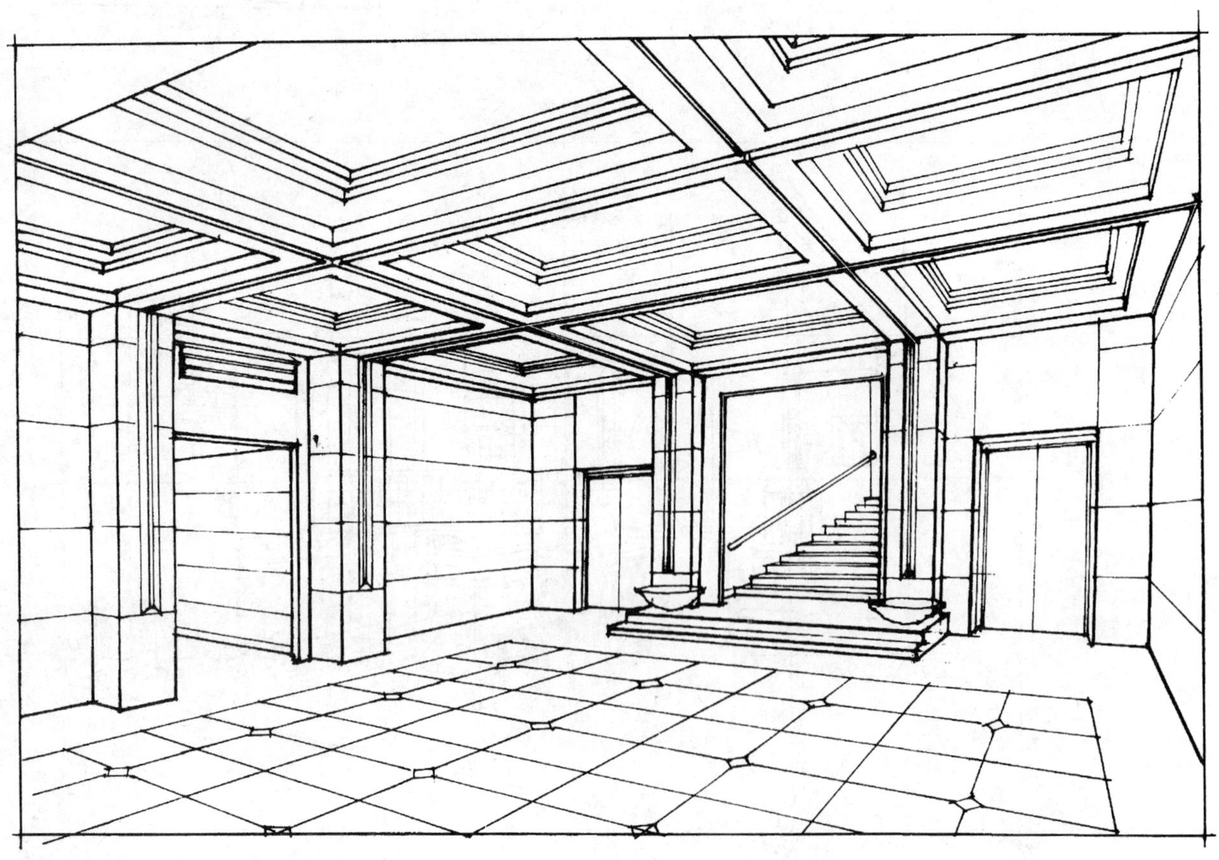

两点成角透视线图（b）

2.1.3 轴测图

利用正、斜平行投影的方法，产生三轴立面的图像效果，并通过三轴确定物体长、宽、高三维尺寸，同时反映物体三个面的形象。利用这种方法形成的图像称为轴测图。

(1) 轴测正投影

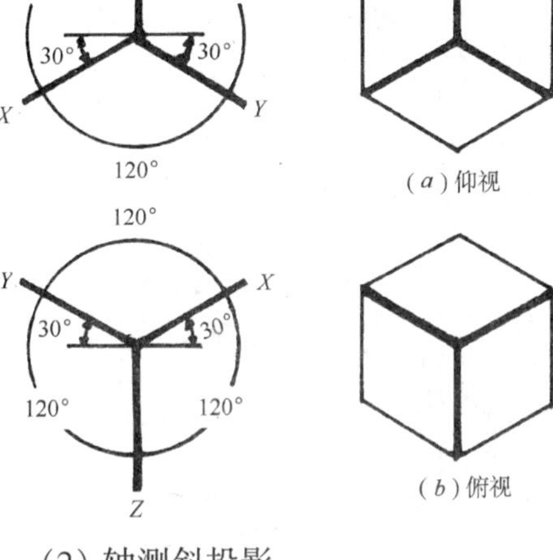

(a) 仰视

(b) 俯视

(2) 轴测斜投影

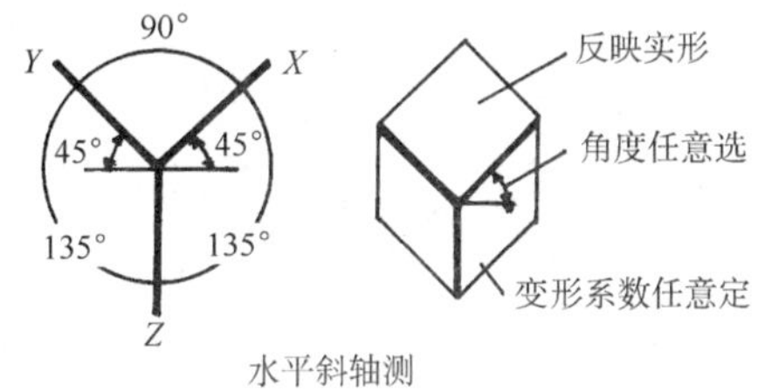

水平斜轴测

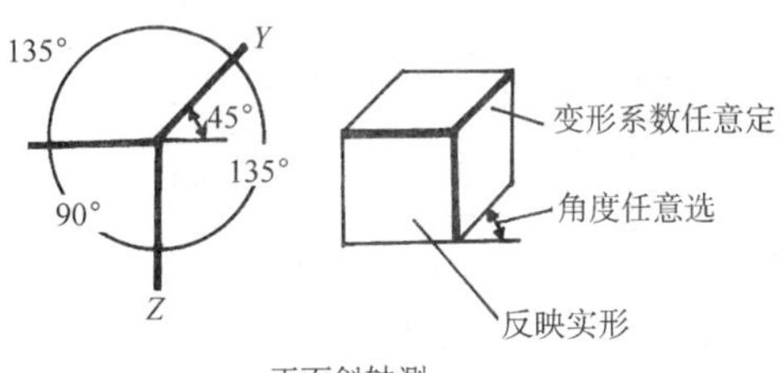

正面斜轴测

(3) 轴测图作图步骤

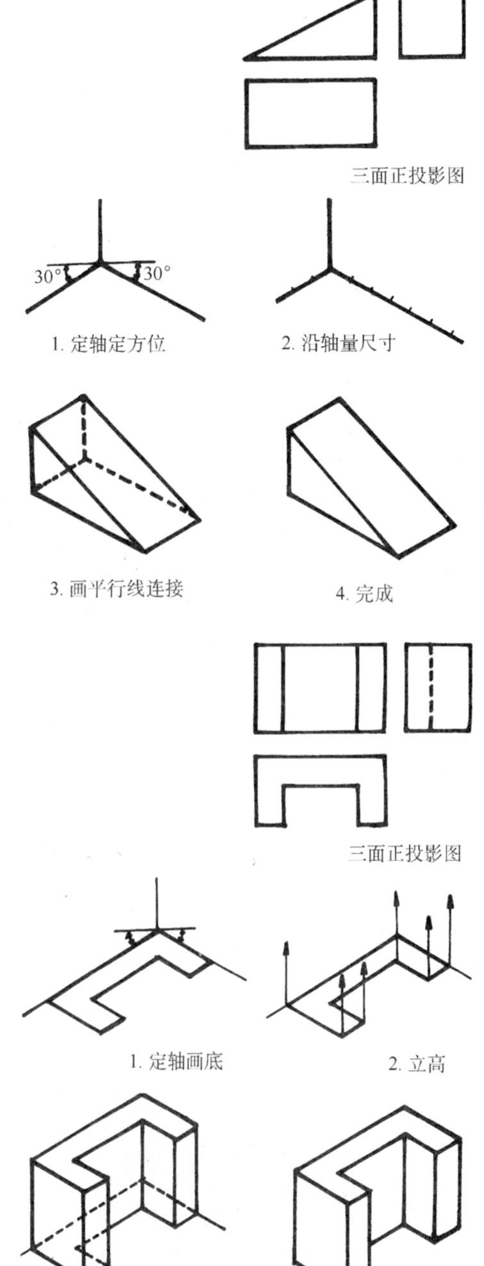

分　类	变　形　系　数		
	X 轴	Y 轴	Z 轴
三等正轴测	1	1	1
二等正轴测	1	0.5	1
水平斜轴测	1	1	1, 0.75, 0.5, 0.35
正面斜轴测	1	1, 0.75, 0.67, 0.5	1

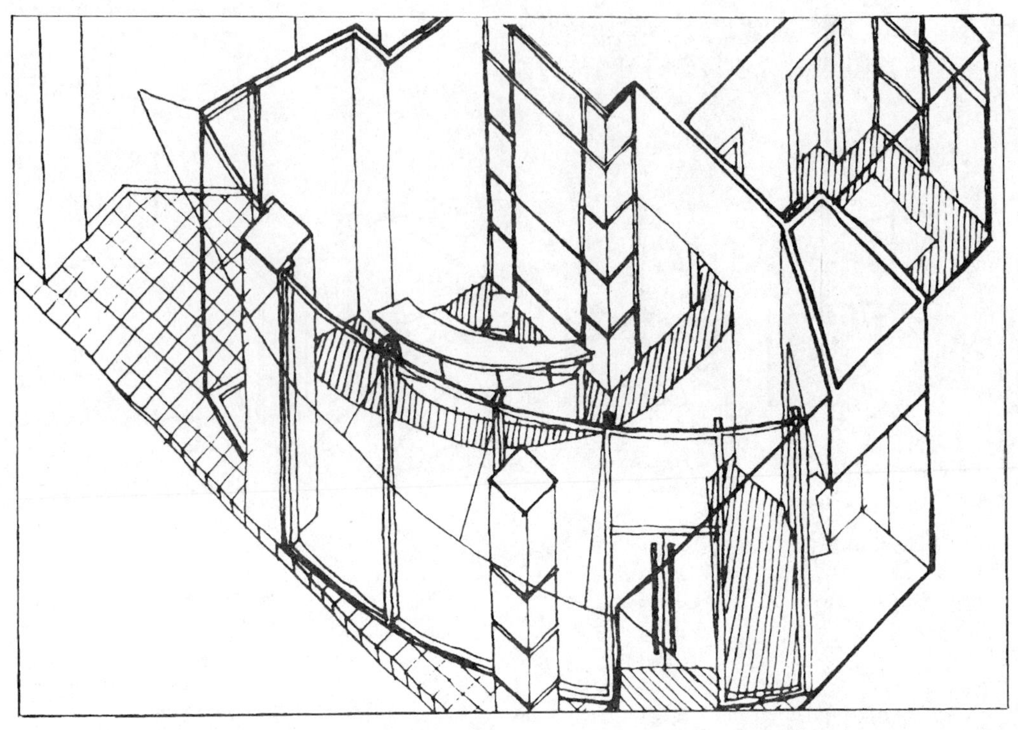

斜投影轴测线图(a)

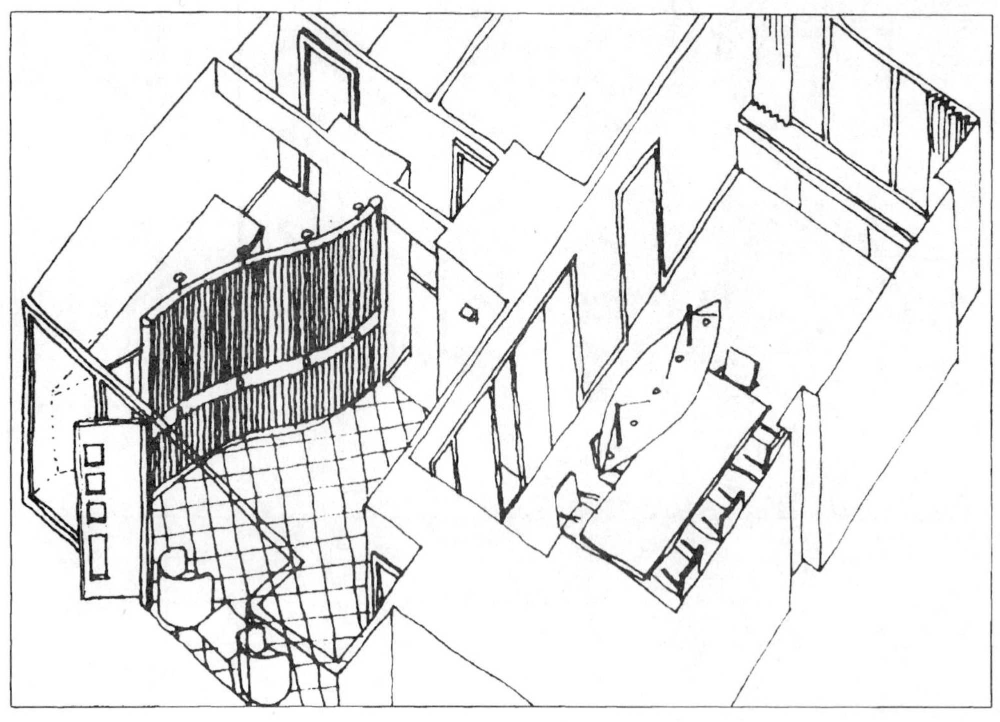

斜投影轴测线图(b)

斜投影轴测线图(c)

2.1.4 计算机辅助透视制图

运用计算机辅助设计软件 Auto CAD 和 3DS、3D MAX 等三维计算机软件都可绘制透视图。用计算机绘制透视图的过程，更近似拿照相机摄影的过程。需要调变焦距离。

以下讲授的计算机绘制透视图更适合作为手绘室内设计表现图的透视图，其方法简便，绘制步骤如下：

第一步：在计算机中利用 Auto CAD 做出室内平面图，包括墙体尺寸，门窗的位置尺寸，家具摆放位置，地面材料分割尺寸，天花平面的造型变化，筒灯及空调出风口的位置等(如下图所示)。

第二步：利用 Auto CAD 编辑命令中的 CHANGE(修改命令)改变物体的高度或厚度。

第三步：利用 Auto CAD 的 Dview 命令做透视图。

第四步：利用 Auto CAD 的 Plat 命令出图。

第五步：修改加工计算机透视图。

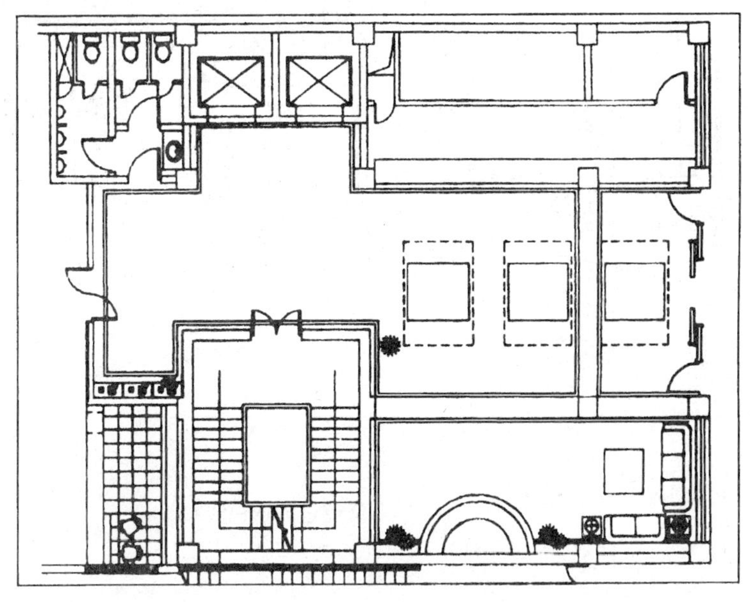

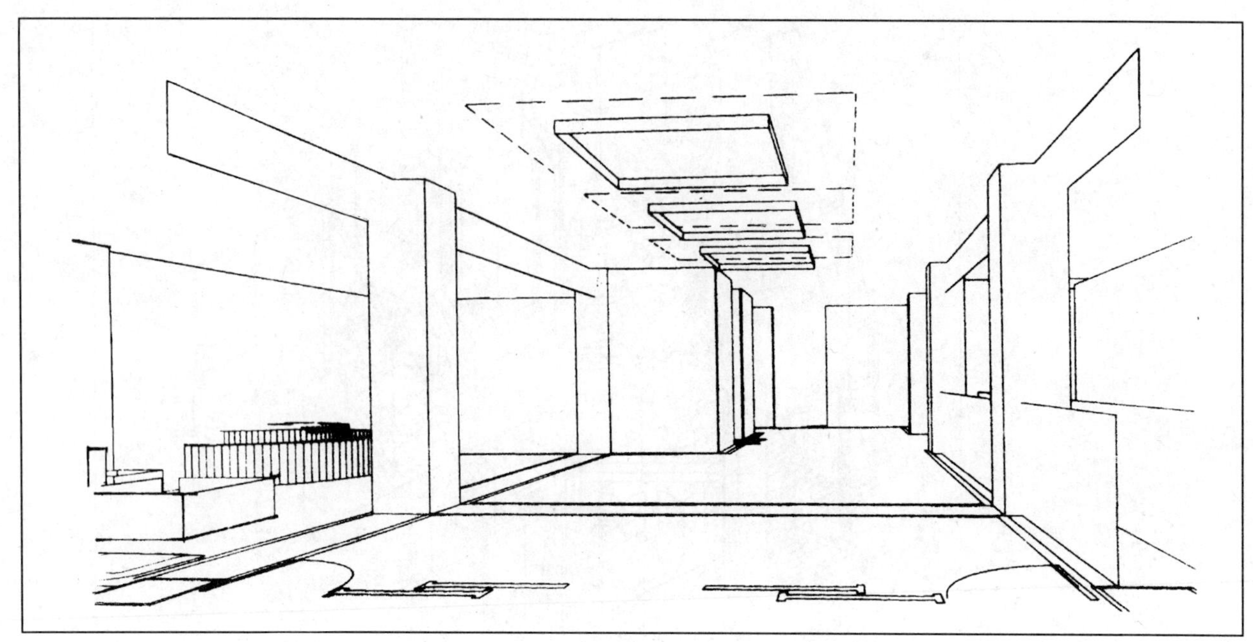

简单电脑透视线图

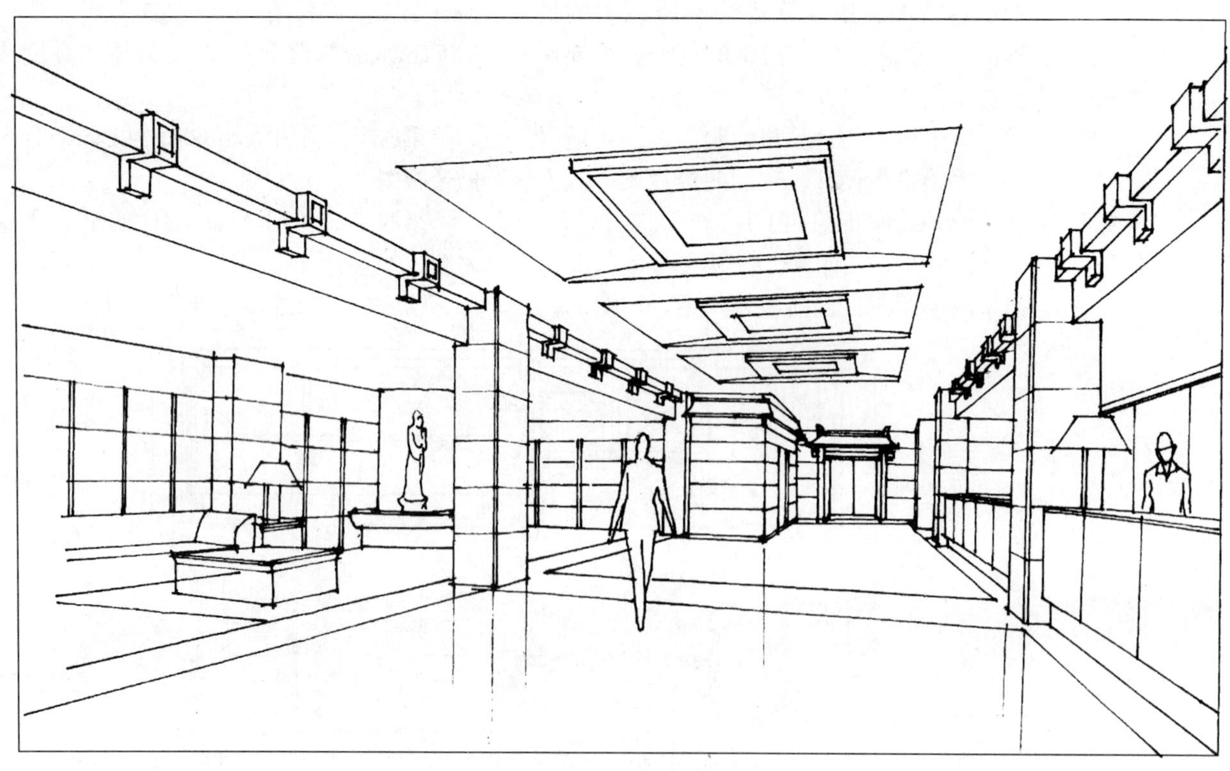

修改过的透视线图

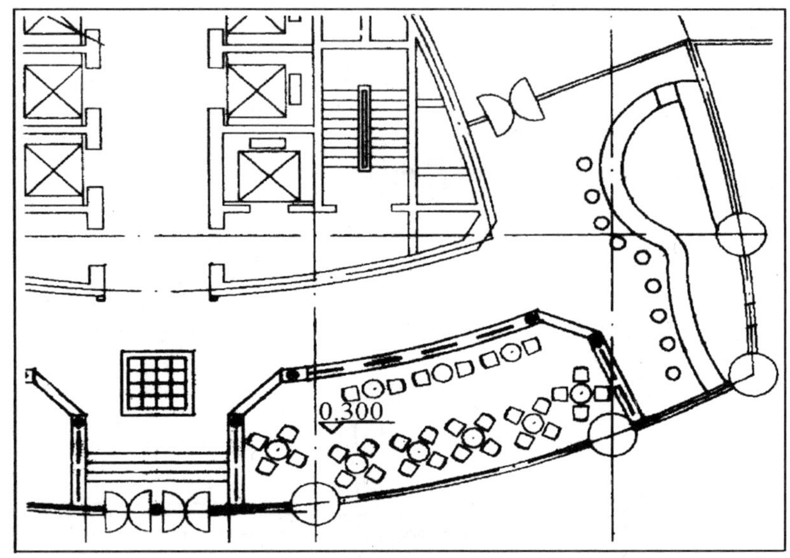

简单电脑透视线图

修改过的透视线图

2.1.5 透视图中配景尺度的比例控制

表现图中常见错误之一是配景和配景中人物的高低，绿化尺度的比例失调。一幅表现图常常由于最后配景出现错误而致使整个作品失败。常常看到的错误如下图所示。

按正规绘制透视图的方法，正确决定配景的尺度是可以的，但比较繁琐，不够简便灵活。而用比例控制法作图，则更简便、准确。

比例控制必要条件有：

(1) 视平线的位置，在画面上应明确存在。

(2) 视平线相对于地平线的高度值应在记忆中明确。

如下图中正常视高 h 在平面任意一点上视高都是相等的。

即：$A_1=A_2=A_3=h$

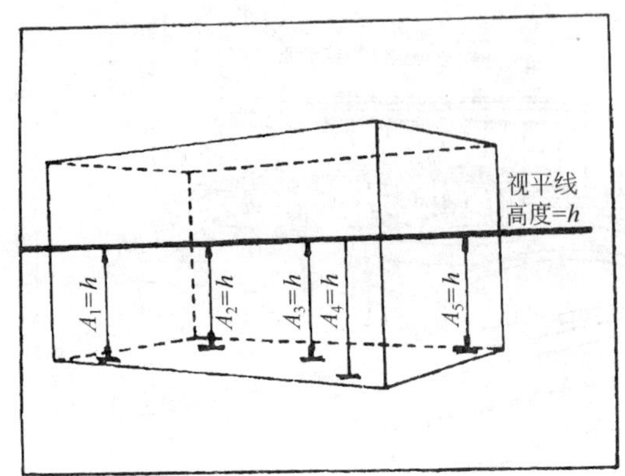

在不同视高情况下人物配景的情况：

(1) 视平线高 1m 时

(2) 视平线高 1.7m 时

(3) 条件比较复杂时

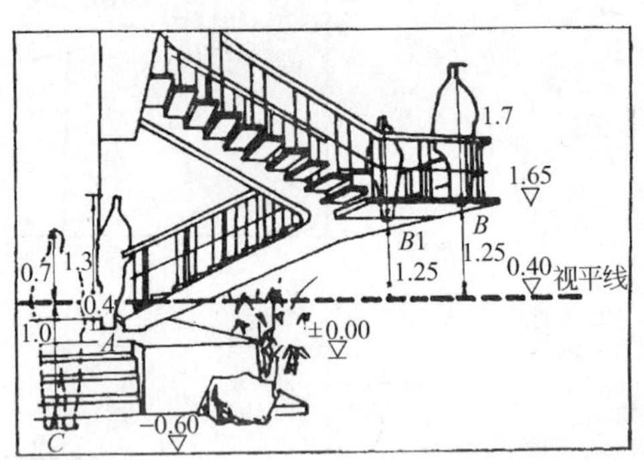

注：图中单位为米

注：图中单位为米

效果图的素描关系　　作者：林洋、张行

2.2　室内表现图中的素描问题

素描是造型艺术的基础，也是绘画艺术、建筑艺术、设计等学科进行训练的基础课程，环境艺术是建筑艺术的一部分，而室内效果表现图又是其中重要的表现手法之一。它与绘画艺术表现既有很大的区别，又有一定的联系。由于实际应用的功能性，要求它在表现上不仅要忠实于实际的空间，又要对实际空间进行精炼的概括，同时还要表现出空间中材料的色彩与质感；表现出空间中丰富的光影变化。

在室内效果表现图的几个要素之中，比较重要的就是素描关系。素描是塑造形体最基本手法，其中的造型因素有以下几个方面：

2.2.1　构图

构图意指画面的布局和视点的选择，这一节内容可以和透视部分结合来看。构

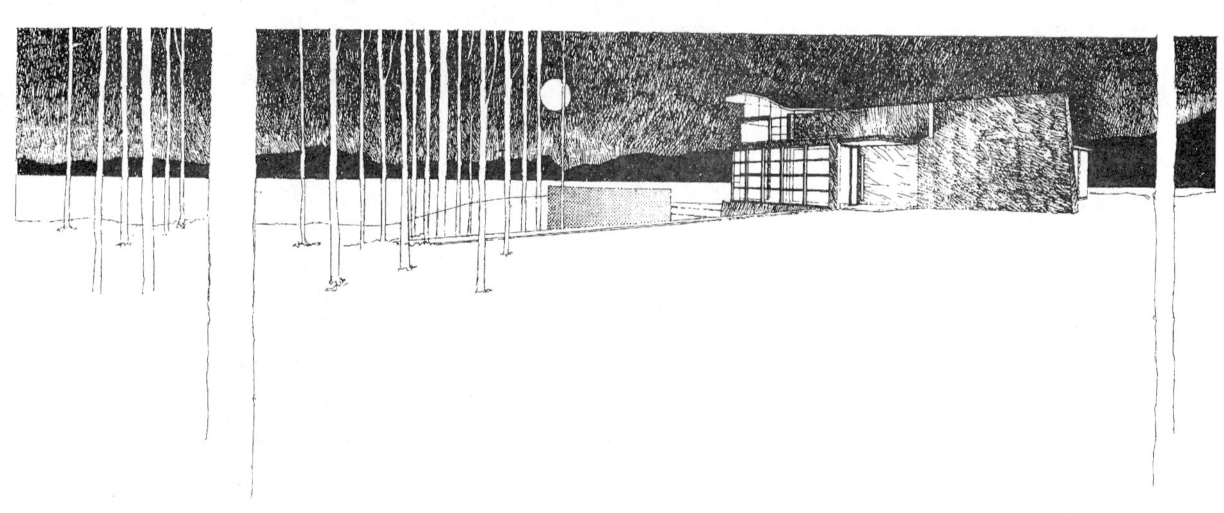

构图和布局
以顶部为主的构图。图面部分与下边的负面空间对峙，形成构图的整体均衡，并与设计构思相一致
立面。墨线图加点网色调薄膜绘于320mm × 430mm仿羊皮纸上

图也叫“经营位置”。是设计表现图的重要组成要素。

表现图的构图首先一定要表现出空间内的重点设计内容，并使其在画面中的位置恰到好处。所以在构图之前要对施工图纸进行完全的消化，选择好角度与视高，待考虑成熟之后可再做进一步的透视图。在效果表现图中的构图也有一些基本的规律可以遵循：

(1) 主体分明：每一张设计表现图所表现的空间都会有一主体，在表现的时候，构图中要把主体放在比较重要的位置。

比如图面的中部或者透视的灭点方向等等，也可以在表现中利用素描明暗调子，也就是把光线集中在主体上。

主体分明的构图

利用透视灭点加强主体视觉观感的构图　　作者：杨晓丹

对称的构图　　作者：郑曙旸

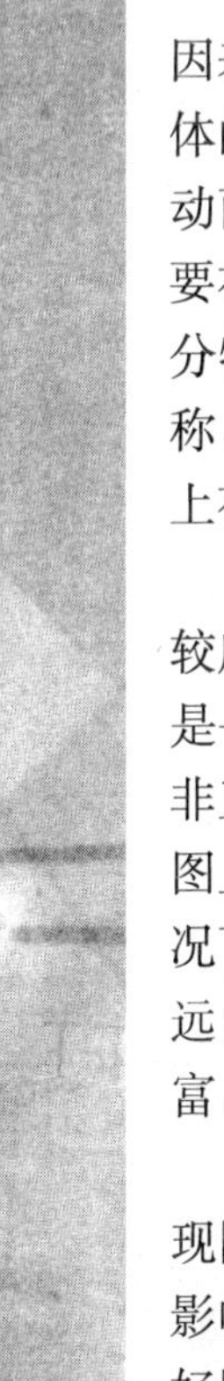

构图的层次

(2) 画面的均衡与疏密：因表现图所要表现的空间内物体的位置在图中不能任意地移动而达到构图的要求，所以就要在构图时选好角度，使各部分物体在比重安排上基本相称，使画面平衡而稳定。基本上有两种取得均衡的方式：

1) 对称的均衡：在表现比较庄重的空间设计图中，对称是一条基本的法则，而在表现非正规即活泼的空间时，在构图上却要求打破对称，一般情况下要求画面有近景、中景和远景，这样才能使画面更丰富，更有层次感。

2) 明度的均衡：在一幅表现图中，素描关系的好坏直接影响到画面的最终效果。一幅好图其中黑白灰的对比面积是不能相等的，黑白两色的面积要少，而占画面绝大部分面积的是从色阶 1～色阶 256 的灰色。

明度的均衡

而疏密变化则分为形体的疏密与线条疏密或两者的组合，也就是点、线、面的关系。疏密变化处理不好画面就会产生拥挤或分散的现象，从而缺乏层次变化和节奏感，使表现图看起来呆板、无味，未达到“表现”之意。

形体的疏密　　作者：郑曙旸

线条的疏密

点、线、面的疏密　　作者：张月

构图的成功与否直接关系到一幅表现图的成败。不同的线条和形体在画面中产生不同的视觉和艺术效应。好的构图能体现表现图中表现内容的和谐统一。

2.2.2 形体的表现

一幅效果表现图是由各种不同的形体来构成的，而不同的形体则是由各种基本的结构组成的，不同的结构以不同的比例结合成不同的形体，这个世界才得以丰富多彩，所以说最本质的东西是结构，它不会受到光影和明暗的制约。人们之所以能认识物体是首先从物体的形状入手的，之后才是色彩与明暗，形是平面，体是立体，两方面相互依存。形体又基本上以两种形态存在着：一种是无序的自然形态；一种是人造形态，而我们可以把这两种不同的形态都还原为组成它的几何要素，所以一些复杂的形体可以以简单几何形体的组合来理解它，把握它。

在表现图中，空间中的物体为实，它的互补为虚形，可以从多方面来掌握其规律。

在室内表现图的素描基本训练中，可以先进行结构素描训练，从简单的几何形体到复杂的组合形体，有机形体。从外表入手，深入内部结构，准确地在二维空间中塑造三维的立体形态。

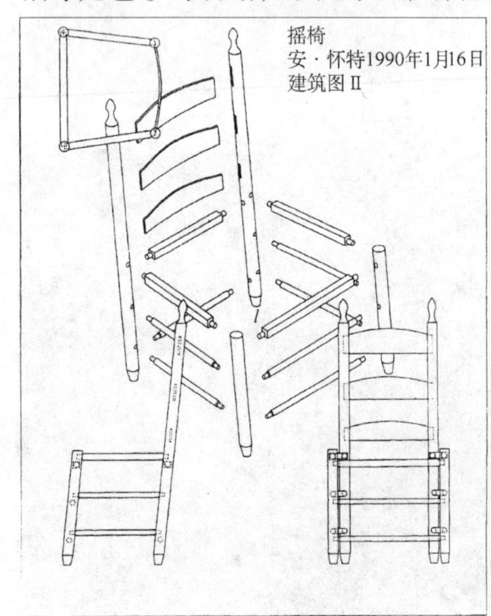

分解的形体

互补的图形

2.2.3 光线的表现

（调子的表现）

在掌握形体的基础上，为进一步表现空间和立体感就要加入光线的因素。在视知觉中，一切物体形状的存在是因为有了光线的照射，产生了明暗关系的变化才显现出来。因此，形和明暗关系则是所有表达要素中最基本的条件。然后才依次是由光线作用下的色彩、光感、图案、肌理、质感等感觉。光源分为自然光源和人造光源，而室内表现图一般比较注重人造光源的光照规律。不同的光照方式对物体产生不同的明暗变化，从而对形体的表现产生很大的影响。顺光以亮部为主，暗部和投影的面积都很少，变化也较少。

光线的表现

顺光

侧光其亮部的变化由近向远逐渐变暗，而暗影则是由近向远逐渐变亮。

最后是逆光的物体，暗面占物体的3/4以上，暗影由近向远渐渐变亮。

侧　光

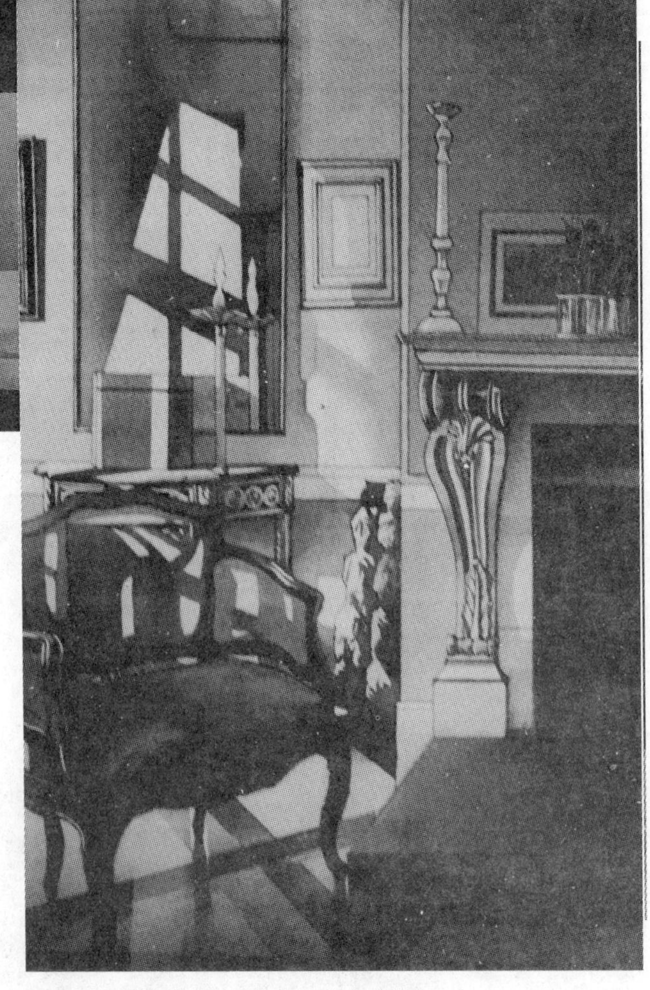

逆　光

在以上几种情况之中正顺光与正逆光使物体失去立体感。

在表现图中的物体由于光线的照射会产生黑、白、灰三个大的分面，而每个物体由于它们离光线的远近不同，角度不同，质感不同和固有色不同所产生的黑、白、灰的层次各不相同。如果细分下来物体的明暗可以分成：高光、受光、背光、反光和投影。下图在做画的过程中，一定要分析各物体的明暗变化规律，把明暗的表现同对体面的分析统一起来。在调子的素描训练中，对空间的明暗变化采取简洁、概括的手法，区分出大的黑白灰关系，体现主体与辅助物体的立体层次关系，加强从大到小整体光线调子的把握能力。

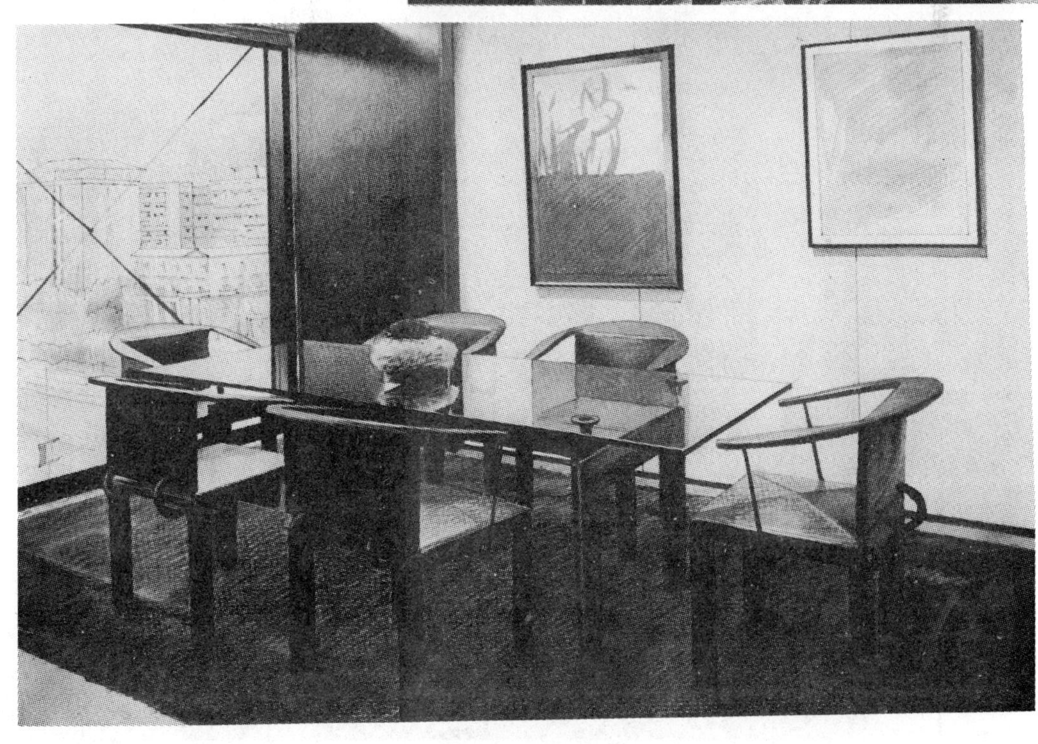

质感的表现

2.2.4 质感的表现

除去色彩的影响，明暗也能表现出物体质感的不同。物体通过质与量来显现。各种物体都有各自特定的属性和特征。例如：柔软的丝质品；玻璃器皿的透明、光洁；棉毛织品、呢绒制品的表面纹理与质地的软硬；金属和各种石材的坚硬沉重；另外，在表现图中由于物体质感的不同在表现上也应有不同的手法。如反光强的物体：玻璃和抛光的金属或石材，对光的反映非常强烈，边缘形状清晰，对比强烈，对周围物体的倒影和反光很强；另外，反光弱或不反光的物体如织物、砖石、木材等外观质感较柔和。因此，准确表现物体的质感对室内表现图来说很至关重要。相对于表现图整体来说，个别物体的质感描绘应服从于整体的素描关系，也要分重点与非重点，从而达到艺术表现上的真实。

2.2.5 空间的表现

由于我们周围自然环境中的空气里有很多种能阻碍光线的微粒，所以随着天气的变化，每天我们视觉上的“能见度”都是不一样的，空气并不是完全透明的。处于空间中的物体产生近处的清晰，远处的模糊；近处的明亮，远处的灰暗；离光线近的物体清晰；离光线远处的物体模糊。利用上述这种视觉特征，结合画面的素描关系表达的远近关系即所谓空间感。在表现图中物体与物体，物体与背景之间的关系不仅要利用透视和明暗关系，还要利用人为的表现手法如：哪些物体需要深入刻化，强烈明显；哪些物体需要次要表现，虚淡等等。

空间的表现

2.3 色　彩

色彩在专业表现技法中所占据的位置也是至关重要的，设计师所要表现的空间环境是哪一种色调以及环境中物体的材料、色泽、质感等都需要通过色彩的表现来完成。色彩本身是一个很感性的问题，色彩会影响人的情绪和精神，同时人的性格，心境又会影响人对色彩的感觉。良好的色彩感觉与技巧并不是单纯从理论上就可以学到的，更重要的是通过自身不断的实践去掌握和总结，因而，大量掌握色彩的理论知识和加强专业色彩的训练是解决专业表现技法中色彩问题的重要环节。

2.3.1 色彩的基本原理

色彩是由于物体对光的吸收和反射而形成的，不同的光线照射会产生不同的色彩效果，它具有本身的规律。

1. 色彩的属性对色彩的性质进行系统分类，可分为色相、明度和纯度三种。

(1) 色相：色相也是色彩的名称，同时也可以说成是各个颜色的相貌或倾向，例如：黄色、绿色、蓝色、红色。通常用色相环来代表光谱的基本色彩，色相环上所示的色相都是纯色，为简略起见，常见的色相环多由12色组成。

(2) 明度：色彩的明亮度叫明度，明度最高的色是白色，最低的色是黑色，它们之间按不同的灰色排列示了明度的差别，有色彩的明度是以无彩色的明度为基准来判定的。

(3) 纯度：指色彩中色素的饱和程度，色彩的相对纯度取决于在色彩里加入黑色，白色或灰色的多少。

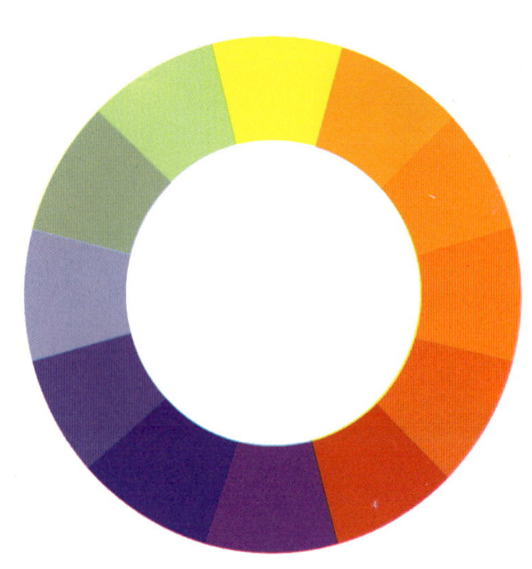

伊登12色相环

明度差的对比

纯度差的对比

2. 色彩的搭配

(1) 同类色的调和: 同一色相的色彩进行变化统一, 形成不同明暗层次的色彩, 是只有明度变化的配色，给人以亲和感。

同类冷色调的调和　作者: 吴　明(96 级)

同类暖色调的调和　作者: 杨潇雨(96 级)

(2) 类似色的调和: 色相环上相邻色的变化统一配色，如红和橙、蓝和绿等，它给人以融合感，可以构成平静调和而又有一些变化的色彩效果。

(3) 对比色的调和: 补色及接近补色的对比色配合，明度与纯度相差较大，给人以强烈鲜明的感觉, 如红与绿、黄与紫、蓝与橙等。

类似色的调和　作者：高　亮(96 级)

对比色的调和　作者：张绍文(96 级)

3. 色彩在室内设计中的作用

(1) 烘托空间的情调与气氛

(2) 吸引或转移视线

作者：田　原(96 级)

作者：李玉德(96 级)

(3) 调节空间的大小

(4) 连接相邻的空间

(5) 割断和划分空间

作者：王雪琳(96级)

作者：田 原(96级)

作者：王 鹏(96级)

2.3.2 专业色彩的基础训练

1. 色彩写生

色彩写生是训练最直接的方法，在五彩斑斓的自然界中，各种色彩在不同光线的照射下会产生不同的效果，物体的受光面与背光面有着不同的色彩倾向，物体之间在相互作用下也会产生不同的环境色，因而多加强一些户外色彩写生训练，头脑中色彩的构成与搭配以及色彩感受会更加丰富，在今后自己的设计创作中色彩的运用也会运用自如。

作者：王 鹏(96级)

作者：陈 丰(96级)

作者：杨潇雨(96 级)

作者：杨潇雨(96 级)

作者：杨潇雨(96 级)

2. 颜料特点的掌握

目前，绘制效果图经常使用的颜料主要有水粉、透明水色、水彩以及丙烯等。各种颜料由于性能不同，在使用方法上也有很大的差别，绘制出来之后会产生不同的色彩效果，因而在学习效果图之前首先应当熟悉颜料的特点，要弄清楚它善于表现什么，不善于表现什么，做到心中有数，这样使用起来才会得心应手。水粉，水彩及透明水色等这些常用的颜料在使用当中，干湿的运用不同，色彩的饱和度以及色彩控制的难易程度也不同。

水粉颜料不透明，覆盖性能好，画面厚重，用色的干、湿、厚、薄能产生不同的艺术效果，适于深入刻划，表现力丰富。

作者：陆轶辰(96级)

水彩颜料透明，适合多次渲染，色彩淡雅，层次分明。

作者：陈 丰(96级)

透明水色，色彩明快鲜艳，空间造型的结构轮廓表达清晰适于快速表现。

作者：杨冬江

3. 物体固有色的掌握进行转也绘画的色彩练习，并不是每一次都需要完整的透视平时见到各种常用的材质随时都可以练习调配，一次调不准再来第二次，反复练习，最后做到颜色在手中可以随意驾驭，能够调制出任何自己所需要的材料色彩。

木质(榉木)

作者：张　旭(96级)

不锈钢

作者：夏　妍(96级)

木质(梨花木)

作者：沈立敏(96级)

玻璃

作者：张 旭(96级)

砖
作者：
张 旭
(96级)

石材
作者：
田 原
(96级)

2.3.3 色彩在专业表现技法中的应用

亮色调适合于表现大堂等较为开敞的公共空间，多运用一些明度较高的颜色，特点是明快、清亮。

作者：田 原(96级)

织物
作者：田 雷
(96级)

深色调适于表现舞厅、酒吧等光线较暗的空间环境，能够很好地烘托出主题气氛，多运用一些明度较暗的颜色来表现。

作者：田雷(96级)

中性色调画面色彩比较柔和，适合于表现居室、客房等居住空间。

作者：刘海丽(96级)

冷色调适合于表现办公等各类公共空间，画面主要以冷色为主。

作者：高　亮(96 级)

暖色调颜色以暖色为主，画面气氛热烈，使人感觉温暖，舒适，适合于表现餐厅、商场等商业空间。

作者：杨潇雨(96 级)

第 3 章　室内设计表现图的基础技法（第一单元）

3.1 基础技法

3.1.1 绘画工具

笔：铅笔、彩色铅笔、碳素笔、钢笔(包括直线笔、针管笔)、马克笔、签字笔、色粉笔、油画棒、油画笔、水粉笔、水彩笔、中国画笔(衣纹、叶筋、大、中、小白云)、棕毛板刷、羊毛板刷、尼龙笔、喷笔。

纸：绘图纸、描图纸、水彩纸、素描纸、书写纸、复印纸、铜版纸、白卡纸、黑卡纸、色卡纸。

尺：界尺。

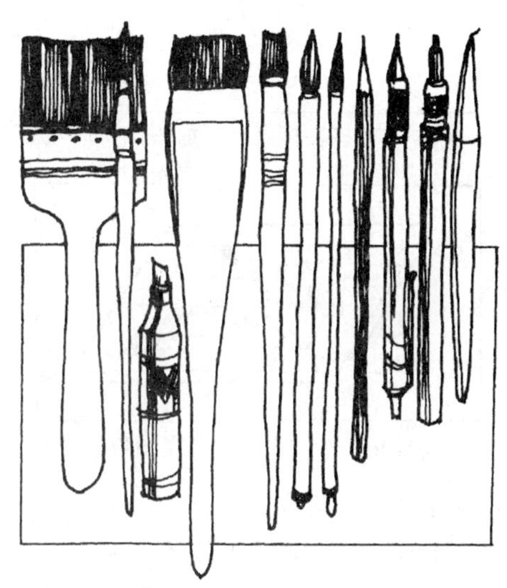

各类型的笔

3.1.2 裱纸技法

凡是采用水质颜料作画的技法，都必须将图纸贴在图板上方能绘制，否则纸张遇湿膨胀，纸面凹凸不平，绘制和画面的最后效果都要受到影响。

(1) 反面刷水裱纸法图解

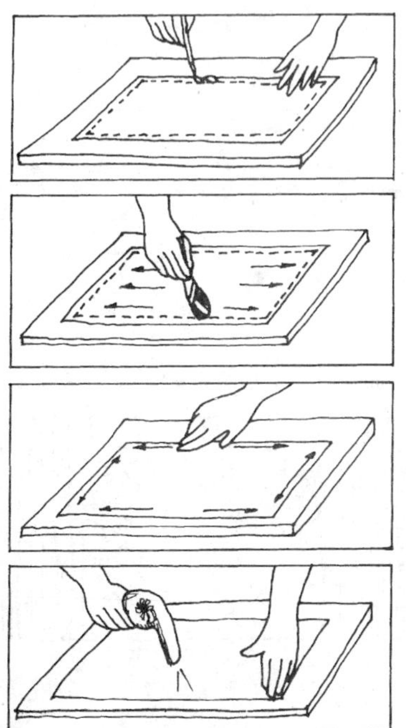

(2) 胶面纸带裱纸法图解

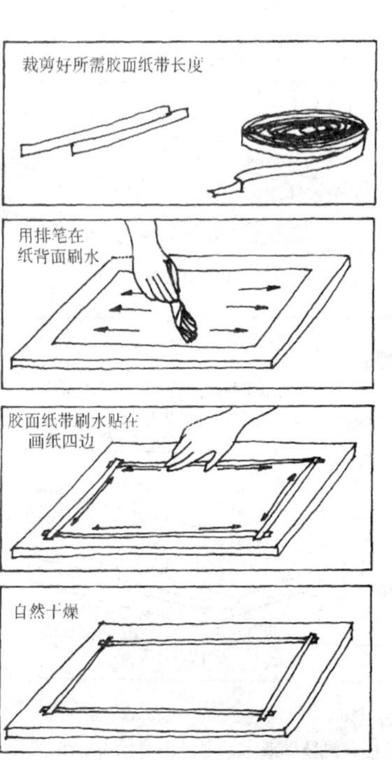

3.1.3 拷贝技法

为了保证透视效果图画面的清洁（尤其是透明水色与水彩），一般在绘制前都要在描图纸或拷贝纸上绘制透视底稿，然后在将底稿描拓拷贝到正图上。为了校正的方便，底稿最好能粘在图板的上方（尤其是水粉技法）。

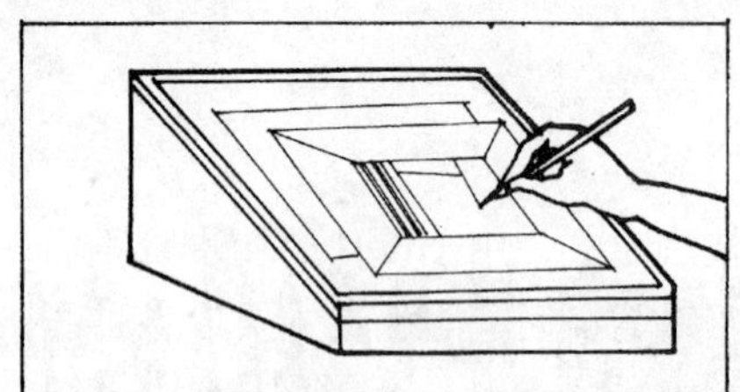

直接在拷贝台上描拓

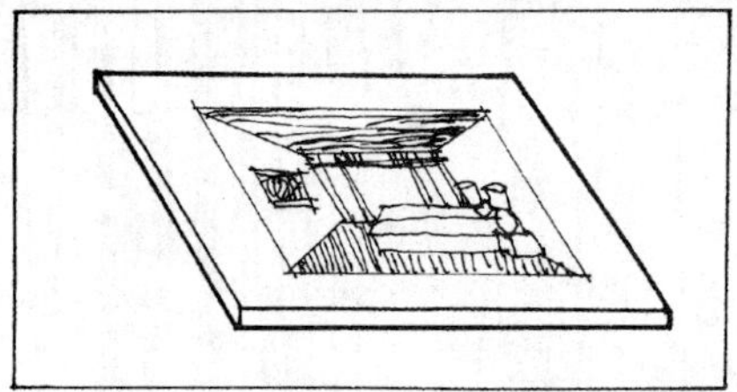

将描拓完毕的图纸裱贴在图板上

3.1.4 界尺技法

界尺是水粉颜料画线不可缺少的工具。虽然直线笔是画线条理想的工具，但因为每次填入的颜料有限，且颜料易干，速度较慢，远不如界尺来得方便快捷。只是界尺画法需要有一定的使用技巧，否则线条不易平直挺拔。

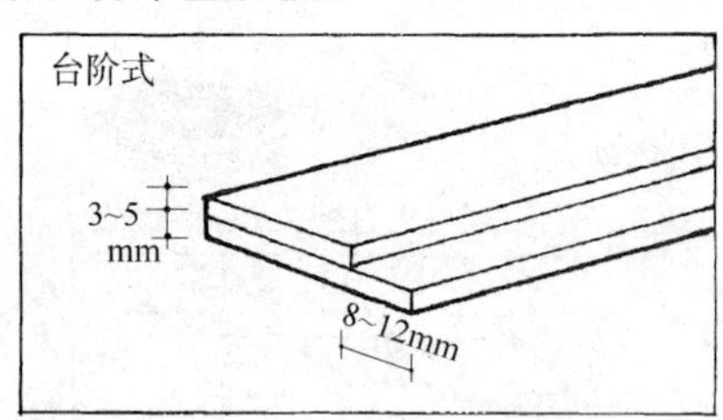

台阶式：

把两把尺或两根边缘挺直的木条或有机玻璃条错开边缘粘在一起即可。

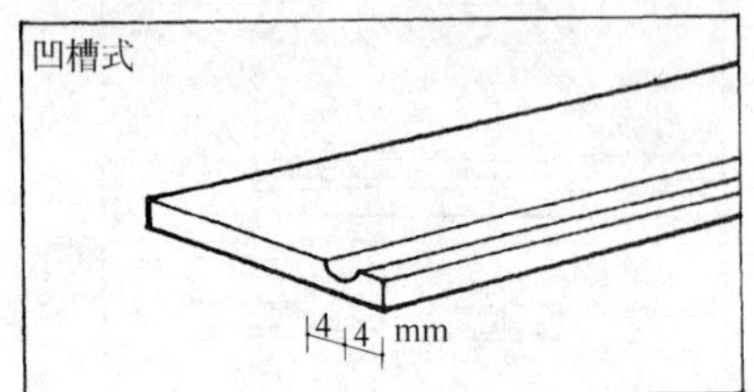

凹槽式：

在有机玻璃或木条上开出宽约4mm的弧形凹槽。

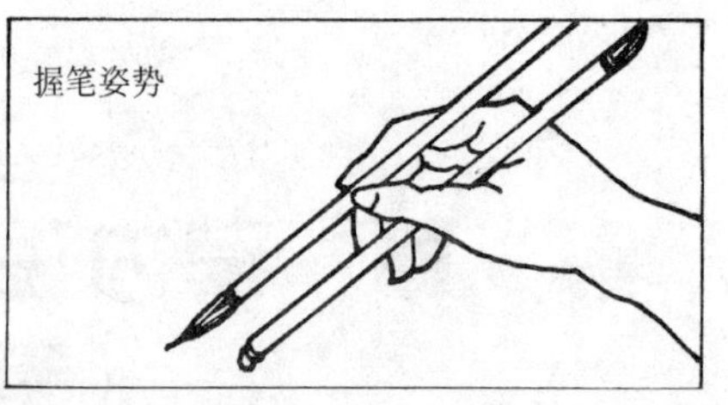

握笔的姿势：

右手握两支笔，与拿筷子的姿势完全相同。一支为衣纹或叶筋笔，沾水粉颜料，笔头向下；另一支笔头向上，笔杆向下，端部抵在界尺槽上。

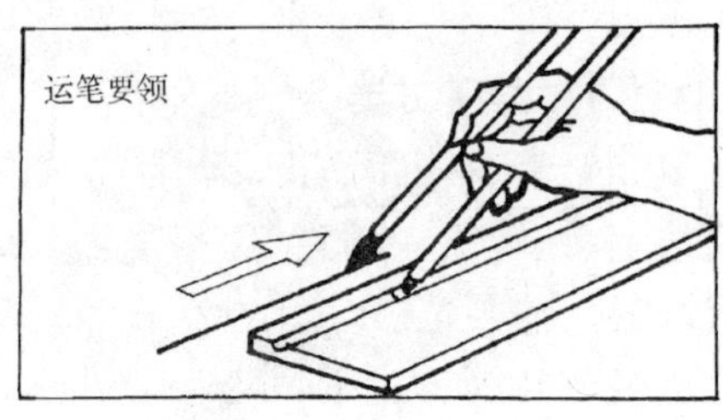

运笔的要领：

左手按尺，右手拇指、食指、中指控制画笔，距尺约6～10mm处落笔于纸面。中指、无名指与拇指夹住滑槽的笔杆，由左向右，均匀用力，沿界尺移动，即可画出细而均匀的线条。

3.1.5 色纸制作技法

在不同深浅色调的色纸上作画，不但图画整体效果好，而且简便快捷，适合于多种绘画工具的表现。由于目前的种类还不能完全满足设计者的需要，自己制作色纸就成为一种必须掌握的技法。

水彩、透明水色和水粉都可以用来制作色纸。水彩和透明水色的色纸制作基本上是运用大面积渲染的技法。

(1) 退晕法

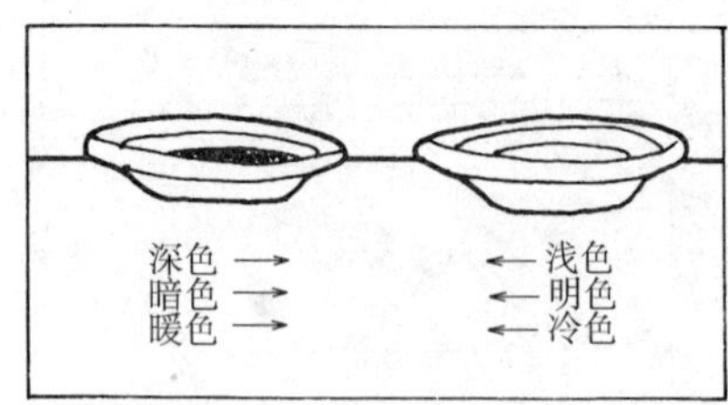

调配出两色，或色相变化，或明度变化。

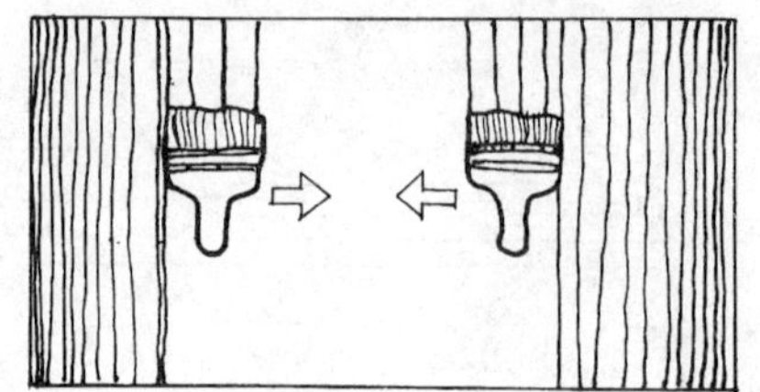

1号色从左往右平涂，2号色从右往左。

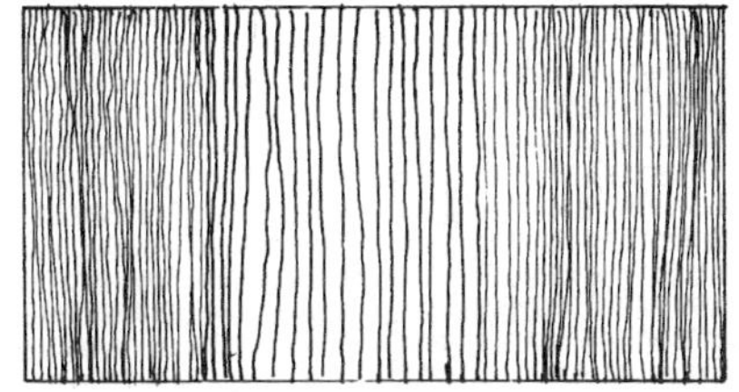

两色自然衰减，达到退晕效果。

（2）平涂法

调色适中，避免过厚或过稀。

（3）笔触法

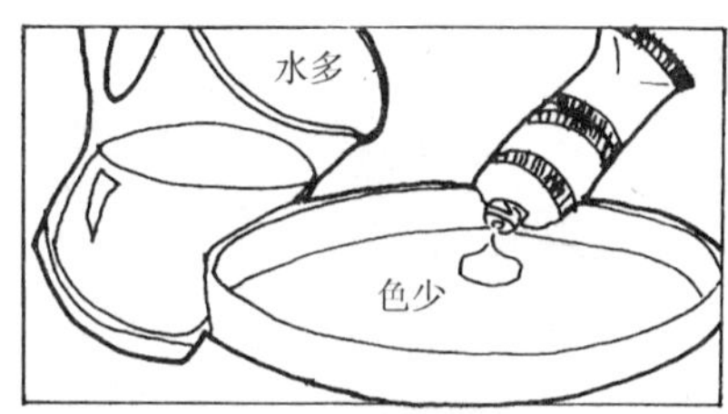

调色水量较多，颜料稀薄。

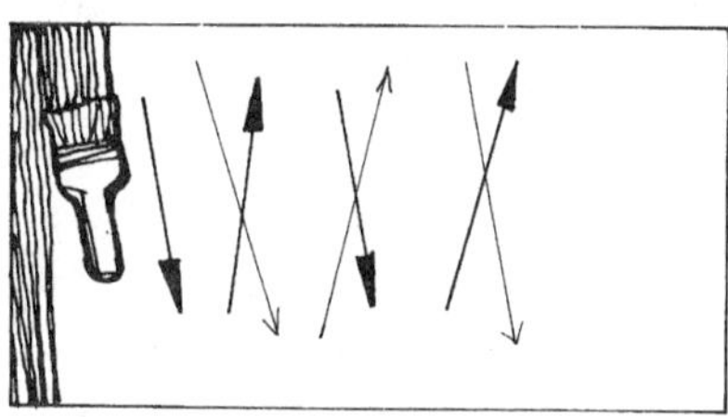

用棕毛刷（旧刷最优）运笔力度大，速度快。

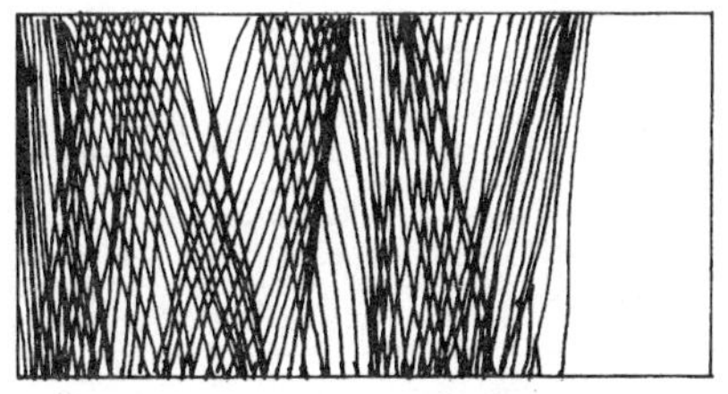

颜料与纸面摩擦、产生具有方向性的笔触。

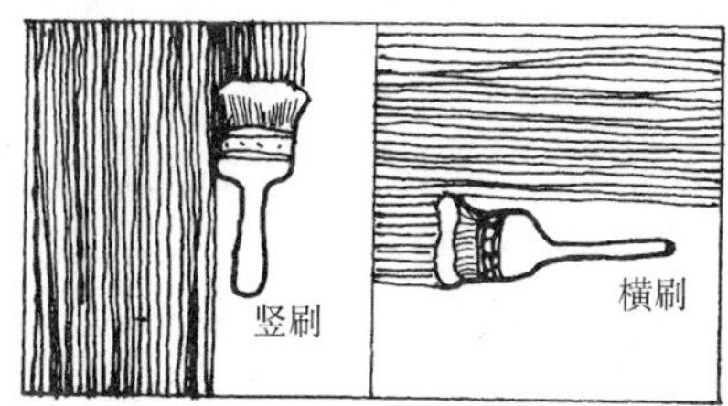

按水平方向从左往右，或按垂直方向从上而下依次均匀平涂。

3.1.6 线条绘制技法

线条绘制是拷贝透视线图必需掌握的技法，尤其在透视线图中陈设、人物、绿化等配景的线条刻画，更能体现出绘画者的线条绘制技能。平时要加强速写训练，对象多以建筑为首选，然后再画室内及其陈设物，就会容易得多，并为绘制快速的室内表现图打下坚实的基础。

快速的草图表现是师生在课堂相互沟通设计思想的主要方法之一，多以线条绘制技法为主，用于设计的初步阶段。

铅笔、钢笔等工具主要以各种线条的排列和组合产生不同的效果，由于线条在叠加时方向、曲直长短、疏密的不同，组合后在纸面上残留的小块白色底面给人以丰富的视觉印象，从而达到表现不同对象的目的。

（1）线条的疏密表现

用直线表现退晕

渐变退晕

分格退晕

用曲线表现退晕

分格退晕

渐变退晕

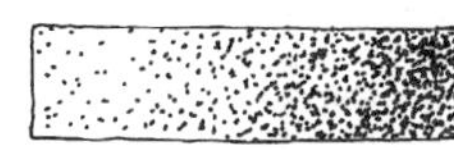
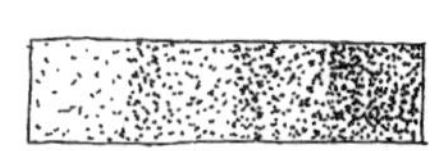

用点或小圈表现退晕

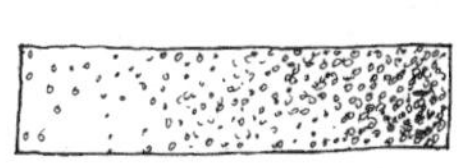

渐变退晕

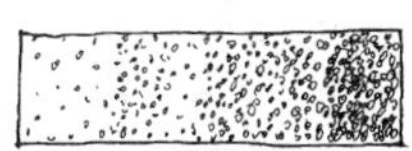

分格退晕

(2) 线条的质感表现

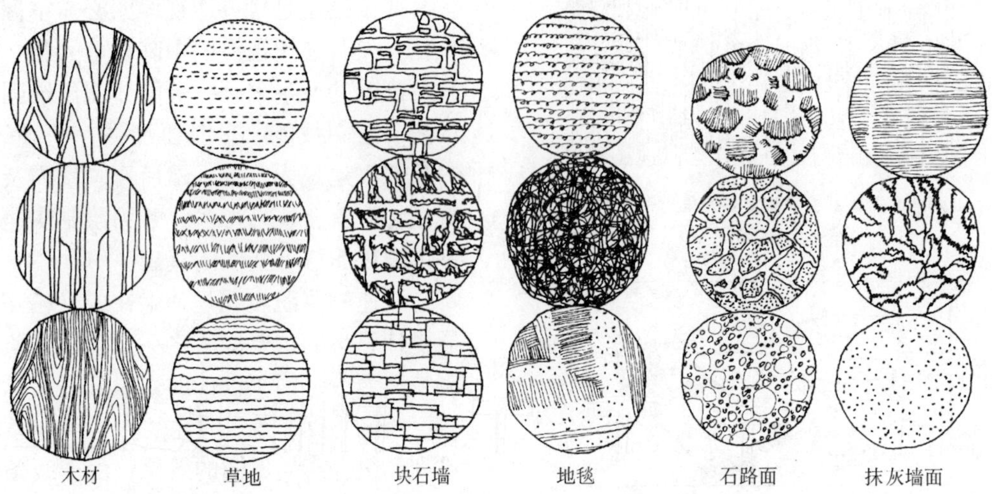

(3) 透视线图

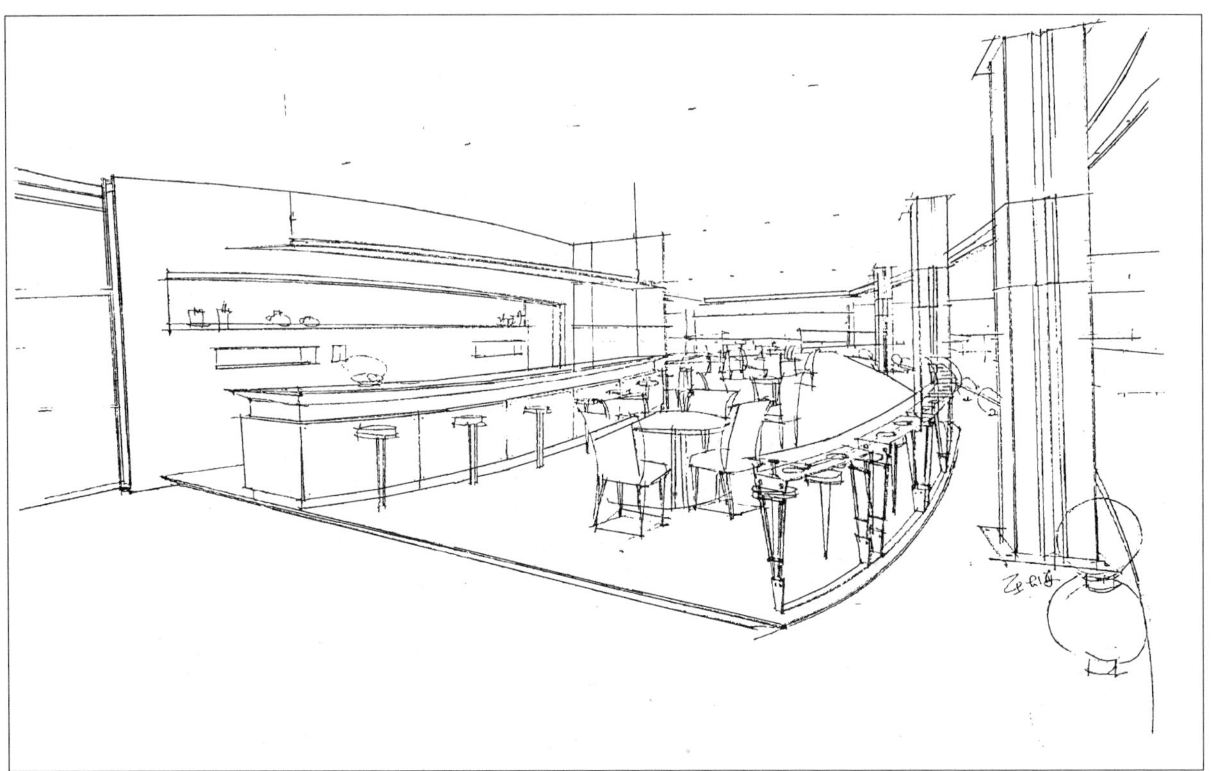

作者：王大海（95级）

作者：王大海（95级）

作者：王大海（95级）

作者：王大海（95级）

作者：王大海（95级）

(4) 速写表现

作者：周晓（95级）

作者：李正平（95级）

作者：王玮（95级）

作者：王玮（95级）

(5) 设计草图表现

作者：李江（96级）

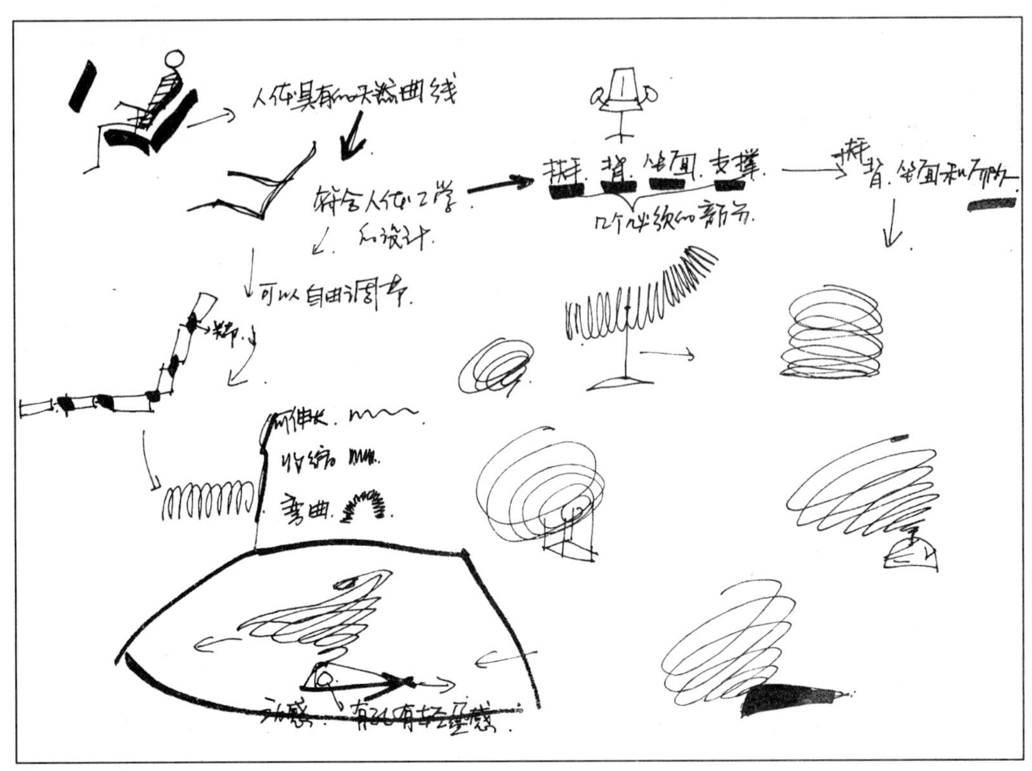

作者：俞珊（96级）

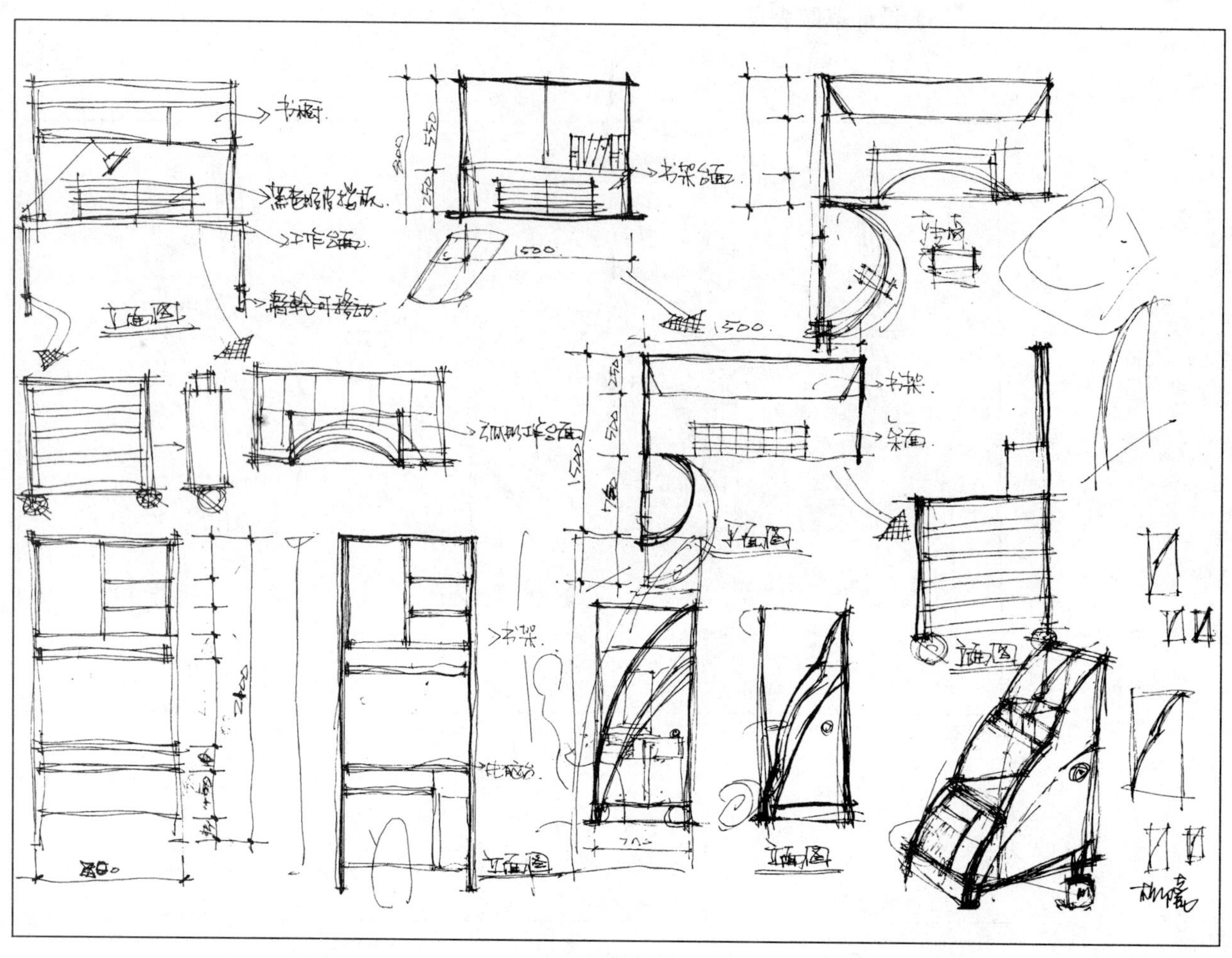

书橱
工作台面
立面图
书架台面
1500
1500
弧形工作台面
书架
桌面
平面图
书架
立面图
立面图
立面图

3.1.7 渲染技法

渲染是水质颜料表现的一种基本技法，它是用水来调和颜料，在图纸上逐层染色，通过颜料的浓、淡、深、浅来表现的形体、光影和质感。

运笔

渲染的运笔方法大体有三种：

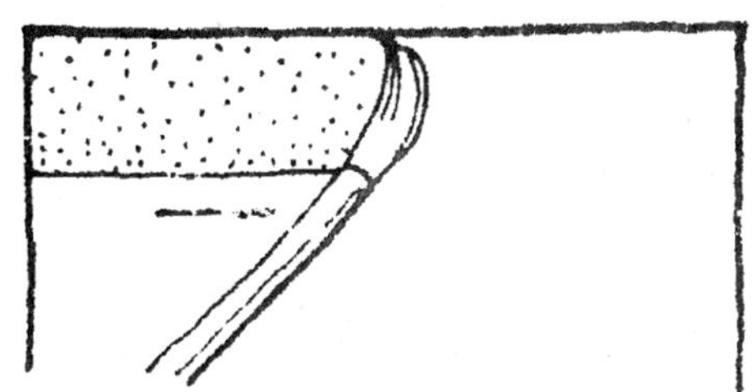

水平运笔法

用大号笔作水平移动，适宜作大片渲染和顶棚、地面、大块墙面等。

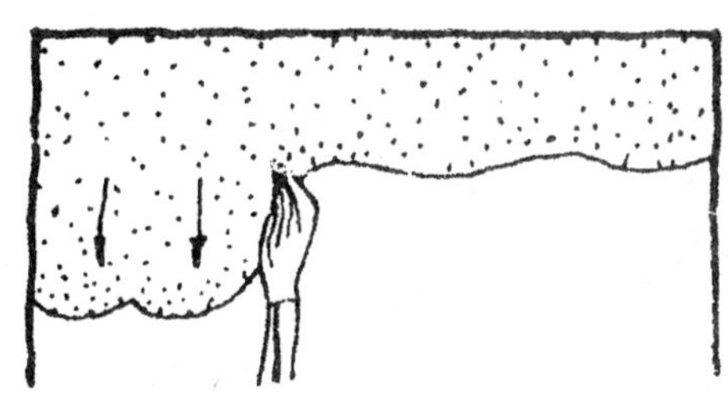

垂直运笔法

宜作小面积渲染特别是垂直长条；上下运笔一次的距离不能过长以避免上色不均匀；同一排中运笔的长短要大体相等，防止过长的笔道使色水急骤下淌。

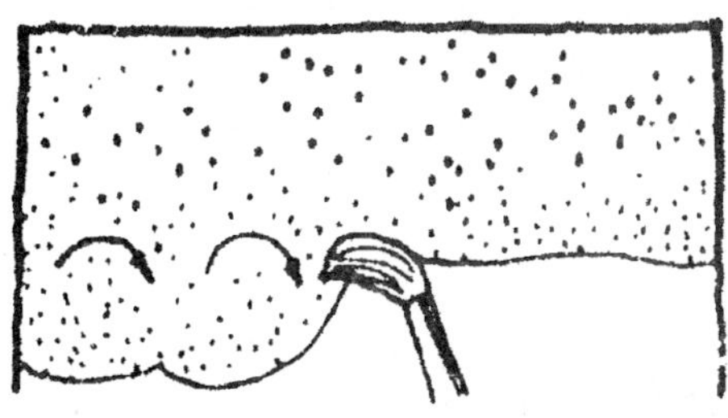

环形运笔法

常用于退晕渲染，环形运笔时笔触能起搅拌作用，使后加的色水与已涂上的色能不断地均匀的调合，从而图面有柔和的渐变效果。

注意事项

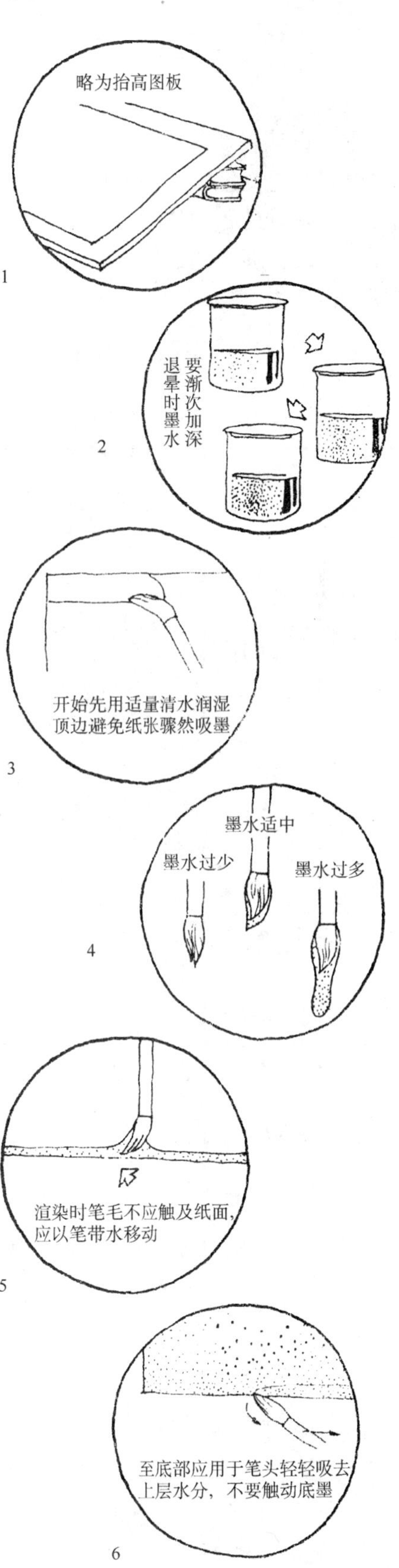

3.2 室内单体、局部空间的表现技法训练

室内设计表现图教学的第一阶段的主要教学目的是介绍效果图的基本概念和目前效果图表现的各种技法以及未来效果图发展的主要方向。通过幻灯片演示及现场技法示范等内容的讲授，使大家对室内设计表现图有一个更加明确的认识，了解课堂练习及作业内容。临摹实物照片，技法以水粉为主，这是因为水粉画法具备厚重，易于修改，刻划深入等优点，它的色彩饱和浑厚，具有很强的覆盖力。效果图画到一定程度以后，它的成败关键取决于对细部的深入刻划上，因而打好坚实的水粉技法基础对于今后表现图水平的提高至关重要。

专业表现技法(第一单元)课程安排

周数	星期	授课内容	教学目的和要求
第一周	星期一	授课、幻灯片演示，教师示范	通过教师的讲解、示范使同学对专业表现技法有较为明确的认识，对表现图的绘制程序有所了解
	星期二		
	星期三		
	星期四	布置作业、做练习、作业讲评	单体临摹作业一张(2号图纸)，内容以家具、陈设品为主，要求材料质感及色彩表现准确，通过临摹从中汲取有价值的部分，提高自己的分析能力与动手能力，授法以水粉为主
	星期五		
第二周	星期一		
	星期二	布置作业、做练习、作业讲评	局部空间(室内一角)照片临摹作业一张(2号图纸)，通过小范围的场景练习，将前一张作业单体练习中所取得的经验在本次练习中得到延续，要注意物体之间相互的关系，尤其是投影及反光的表现
	星期三		
	星期四		
	星期五		
第三周	星期一		
	星期二	布置作业、做练习、作业讲评	大空间的照片临摹作业一张(2号图纸)，要着重注意空间层次的变化，表现出空间的结构气氛以及材质的质感等，画面深入完整
	星期三		
	星期四		
	星期五		
第四周	星期一		
	星期二	布置作业、做练习、作业讲评	根据教师布置的平面，自行设计并绘制效果图一张(2号图纸)，通过练习将前一阶段照片临摹过程中学到的知识，运用到本次作业中，逐步完成从临摹到创作的过渡
	星期三		
	星期四		
	星期五		

专业表现技法第一单元(第一周)作业

作者：田 原(96级)

作者：玉潘亮(96级)

作者：陈 丰(96级)

作者：高 亮(96 级)

作者：李 丹(96 级)

作者：夏 妍(96 级)

作者：陈 丰(96 级)

专业表现技法第一单元(第二周)作业

作者：吴建云(96级)

作者：陆轶辰(96级)

作者：陆轶辰(96级)

作者：林闽轩(96 级)

作者：田 原(96 级)

作者：林闽轩(96 级)

专业表现技法第一单元(第三、四周)作业

作者：玉潘亮(96级)

作者：田　原(96级)

作者：刘佳艳(96级)

作者：沈立敏(96级)

作者：高 森(96级)

作者：吴建云(96级)

作者：吴建云(96级)

作者：林昌勇(96级)

作者：曾卫东(96级)

作者：张绍文(96级)

第4章　室内设计表现图分类技法(第二单元)

透视表现图的绘画表现技法很多，主要的有以下几种：

1. 水粉色技法

水粉色表现力强，色彩饱和浑厚，不透明，具有较强的覆盖性能，以白色调整颜料的深浅。用色的干、湿、厚、薄能产生不同的艺术效果，适用于多种空间环境的表现。使用水粉色绘制表现图，绘画技巧性强，由于色彩干湿变化大，湿时明度较低，颜色较深，干时明度较高，颜色较浅。掌握不好易产生“怯”、“粉”、“生”的毛病。水粉色分为袋装和瓶装。

2. 水彩色技法

水彩色淡雅，层次分明，结构表现清晰，适合表现结构变化丰富的空间环境。水彩的色彩明度变化范围小，图面效果不够醒目，作图较费时。

水彩的渲染技法有平涂、叠加、退晕等。颜色分瓶装、袋装、块装。颜色透明，便于多次叠加渲染。颜色的成品出售多为12或24色盒装，以高质量的块装水彩颜料最为好用。

3. 透明水色技法

色彩明快鲜艳，比水彩更为清丽，适合于快速表现，由于调色时叠加渲染次数不宜过多，色彩过浓时不宜修改等特点，多与其他技法混用。如钢笔淡彩法、底色水粉法等。

透明水色分为两种：一种是纸形，有木装与单页；一种是瓶装，分12色分瓶装和散装。本册使用时可裁成方块将12色贴于一纸，便于调色。次色的颗粒极细，色分子异常活跃，易于流动，对纸面的清洁要求比较苛刻，起草时不可动用橡皮，否则会出现痕迹。大面积渲染时要将画板倾斜。

4. 铅笔画技法

铅笔是透视表现图技法中历史最悠久的一种。由于这种技法所用的工具容易得到，技法本身也容易掌握，绘制速度快，空间关系也能表现得比较充分。

黑白铅笔画，图面效果典雅，尽管没有色彩，仍为不少人偏爱。彩色铅笔画，色彩层次细腻，易于表现丰富的空间轮廓，色块一般用密排的色彩铅笔线画出，利用色块的重叠，产生出更多的色彩。也可用笔的侧锋在纸面平涂。涂出的色块系由规律的色点组成，不仅速度快，且有一种特殊的类似印刷的效果。

5. 钢笔画技法

钢笔质坚，画线易出效果，尽管没有颜色，但画的风格较严谨，在透视图技法中，除了用于淡彩画的实体结构描绘外，自己也可单独成章。细部刻画和面的转折都能做到精细准确，有一种特殊的严谨气氛。多用线和点的叠加表现室内空间的层次。

6. 马克笔技法

马克笔分油性、水性两种，具有快干、不需用水调和、着色简便、绘制速度快的特点，画面风格豪放，类似于草图和速写的画法。是一种商业化的快速表现技法。

马克笔色彩透明，主要通过各种线条的色彩叠加取得更加丰富的色彩变化。

马克笔绘出的色彩不易修改，着色过程中需注意着色顺序，一般是先浅后深。

马克笔在吸水和不吸水的纸上会产生不同的效果，不吸水的光面纸，色彩相互渗透、色彩斑斓，吸水的毛面纸色彩涸渗沉稳发乌，可根据不同需要选用。专用的马克笔纸是国外近年新发明的，乳白色、半透明、透写方便。

7. 喷绘技法

喷绘技法画面细腻、变化微妙有独特的表现力和现代感，是与画笔技法完全不同的。它主要是以气泵压力经喷笔喷射出的微雾状颜色的轻、重、缓、急，配合专用的阻隔材料，遮盖不着色的部分进行作画。

以上所有的技法既可以单独使用，也可以综合使用，甚至有时在一张画上同时使用多种技法，以取得最佳的表现，这种方法通称为综合技法。

8. 电脑效果图技法

以电脑为设计工具，运用电脑设计软件综合制作的室内设计表现图，特点表现为：(1)它可以自动控制图形的绘制和色彩的施加；(2)允许以各种角度灵活地观看三维电脑模型；(3)拥有功能完善的图形修改编辑能力；(4)可以高效率地储存和复制图形。

4.1 表现技法课应解决的绘画问题

4.1.1 画面的主次问题

有些同学经常问："我的表现图画面哪都画到了，怎么效果反而不好了。"问题就出现在这里，所谓"画过了"，如同音乐一样，有铺垫的地方，有高潮的地方，表现图也要讲究画面的主次。这要和设计问题结合起来讲，设计中的重点也是表现图中的重点，应重点刻画，而其它部分应点到为止，以突出重点。如果对画面每个部分都依依不舍，重点部分也就不是重点，画面看起来就比较平淡或繁乱。解决画面主次问题应注意以下两方面：

(1) 画面构图时应把设计的重点放在主要位置，有目的地选择透视视点和角度。

(2) 注意画面虚实关系，重点部分加以强调。例如：天花是重点，应相对减弱地面或墙面的刻画。反过来，如地面、墙面是重点，应相对减弱天花的刻画。

4.1.2 物体光影投影的刻画

包括大面积的界面光影变化和小面积的家具陈设等阴影投影的变化，对物体光影的刻画是使画面更生动更精致的方法之一，也是表现图绘制过程中比较难把握的阶段。一般来讲，表现图的第一遍着色相对容易，基本是平涂润色，画面已形成基本的色调，但物体还不够立体，画面呆板缺少层次感。进一步的刻画，首先要考虑大面积的界面光影变化，以加强画面的空间感，但要记住，天花、地面、墙面三大界面不可同时强调光影的变化，可根据室内功能设计特点和材料质感等因素有一个重点刻画的界面。

小面积的家具阴影、投影的刻画要注意以下几点：

(1) 家具暗部阴影的刻画遍数不宜过多。

(2) 注意虚实关系，不可面面俱到。

(3) 如果家具色彩较深，可先画家具在地面的投影。

(4) 适当地注意家具色彩与阴影投影的冷暖关系。

空间中阴影投影的虚实关系

本设计中顶棚造型及檐口造型是重点，透视视点为1.1m

本设计中墙面和大堂中心的水池是重点，顶棚相对减弱刻画

室内空间中阴影投影的冷暖关系

4.1.3 画面的色彩冷暖关系

单纯的色彩的对比、调和、均衡等问题在第2章的色彩一节中已有较详细地讲解，在表现图中，色彩的冷暖关系主要指光线对室内物体各体面颜色的影响而产生的物体各体面之间的相对冷暖。在刻画物体中，首先要反映材质的真实色彩，光线照在物体上使它产生相对的亮面、灰面、暗面的立体变化。如果没有相对的色彩冷暖变化，物体的几个面只是黑白灰的变化。常规的色彩冷暖处理手法是，物体的灰面反映材质的真实色彩即材料的固有色，物体的亮面色彩相对冷，而物体的暗面相对暖，在处理画面的色彩冷暖问题时应注意：

(1) 室内单一空间界面不可过多强调冷暖变化。

(2) 室内物体单向立面不可强调冷暖变化。

当然关于画面的色彩冷暖关系问题，应就图论图，不可一概而论，绘图中，很好地处理画面的冷暖关系是使效果图增色的方法之一。

4.2 室内设计表现图水粉技法

表现图的画法种类很多，水粉画法是其中的一种。它的特点是覆盖力很强，能很精细地表现所设计的室内空间，包括室内气氛、物体光感、质感充分表达。一幅优秀的室内设计表现图应是科学性和艺术性相统一的产物。在画图时，有人过分夸张地使用色彩，目的是要绘制出缤纷的画面来，这往往会使人感觉到失去真实感，而带来一种不自然的感觉。绘画中所谓虚实变化的手法，在室内表现图中也适用，画面要有主次，有重点，有良好的衬托。在绘画技巧上应注意干湿结合，薄厚结合，虚实结合，笔触应注意疏密结合。

使用吸水性比较强的画纸，如：水彩纸、水粉纸，着色时颜色比较沉着、均匀。把已经画好的室内透视图拓在图纸上，需要注意的是水粉纸、水彩纸的纸质颇为柔软，在拓图时避免使用橡皮，因为纸面过度弄花，在染上颜色时，会使画面显得格外粗糙，而且会渗出界限之外。如遇到这种情况应毫不犹豫换一张纸。拓图时可以使用铅笔、一次性绘图笔或签字笔。描线应注意线的疏密关系，物体质感的表达，借助于三角板或直尺画直线，遇到曲线时应使用曲线板。

第二步便进入色彩的渲染阶段，准备好水粉色，画之前把水粉色中的胶质物去掉，含水性较好的平水粉笔、圆毛笔(大小白云笔、衣纹笔)、界尺、调色板等画图工具。动笔前要构思完成后的画面效果，激发自己的绘画热情，做到胸有成竹。

渲染的程度是从天花板、墙壁、地面等面积比较宽阔的部位着手，选择大号笔来渲染，可徒手，也可用界尺，运用薄画法，含水多一些，画得速度要快，若运笔过缓便会出现颜色深浅不一的情况，看起来比较花。第一遍颜色画好后，要等颜色完全干透后在画第二遍，记住不要反复涂抹，这样也会出现前面的情况。

天花、墙面和地面在画面中面积大，颜色画的要整，不要过多的强调笔触。同时这三个界面可根据室内功能设计的不同，来加以不同的强调，突出其中一、两个界面。在画舞厅等强调室内空间气氛的室内效果图时，可先画一边底色，颜色是室内空间的主导色彩。因水粉色覆盖力强，天花中的灯光、地面上的家具等物体的投影部分可在第三遍中画出来。

接下来是画室内的家具陈设部分，例如：会议室中的桌子、沙发，餐厅中的餐桌、餐椅、吧台等。用中小型平水粉笔，颜色中的水分要适中，颜色要饱和，先画家具的中间色，干透之后，用比较亮的颜色画出受光面，用暗的颜色画出阴影部分。这时可适当留一些笔触，来体现物体的质感和光感，笔触有聚有散，这一阶段如果一口气把家具画到完成后的效果，在整体画面效果中，家具就显得突出，脱离了周围的环境，看起来比较“愣”。要时刻注意画面的整体关系。一般着色一到三遍就可以了。最后用小号衣纹笔，借助界尺画出家具等物体的高光。画高光的时候，也要注意室内空间的前后关系，一般近处的高光要画得强、明显，而远处的高光就要画得弱一些。

一幅完美的室内设计表现图，要有生动的配景部分，所谓配景部分包括人物、植物，餐厅中的杯盘、灯具，商店中的服装、鞋帽等。这个阶段最能使作者把自身的个性充分发挥出来的时候，要求作者要有一定的绘画速写功底，而时常被忽略的便是配景的表现。

配景可分近景、中景、远景。适当的配景可以加强室内的空间感，使画面更生动。例如，在画人物时，要谋求整体画面的协调，并非是随便加入便了事，还得配合画面的气氛，同时还有填补真空的作用。人物的装扮要有时代气息，其中最重要的作用是使人联想到人物和室内空间之间的关系，服装的颜色和周围的颜色相协调。当然一幅效果图中，配景也不宜过多，不可喧宾夺主。

作者：田 野（96 级）

作者：邹迎稀（93 级）

4.3 室内设计表现图水彩技法

水彩颜料最基本的特点是颗粒细腻而透明，介于水粉和透明水色之间，色彩浓淡相宜，绘画表现技巧丰富，画面层次分明，适合表现结构变化丰富的空间环境。

渲染是水彩表现的基础技法，有平涂、叠加、退晕等手法。不仅有单色的晕变，也有复色的晕变，不仅色彩丰富，还表现了光感、透视感、空气感，显得润泽而有生气，这是渲染的表现效果。

传统渲染技法结合现代水彩画中水洗、留白等绘画技巧，减少渲染次数是近几年来水彩表现图的表现趋势，它的优点是省时，画面效果醒目。

拷贝透视线图，如渲染技法较多，选铅笔拓线图，也可选用笔尖较细的一次性绘图笔，颜料选用锡管装水彩色。

水彩技法的程序感很强，画之前想好绘画程序，以达到最佳效果。一般从天花、地面画面所占面积较多的地方入手。

家具陈设部分、装修结构阴影的刻画是整个绘画过程中难度较大，也容易出效果的部分，要注意画面的主次关系、远近虚实关系。

物体高光、配景的刻画。

作者：刘阿波（93级）

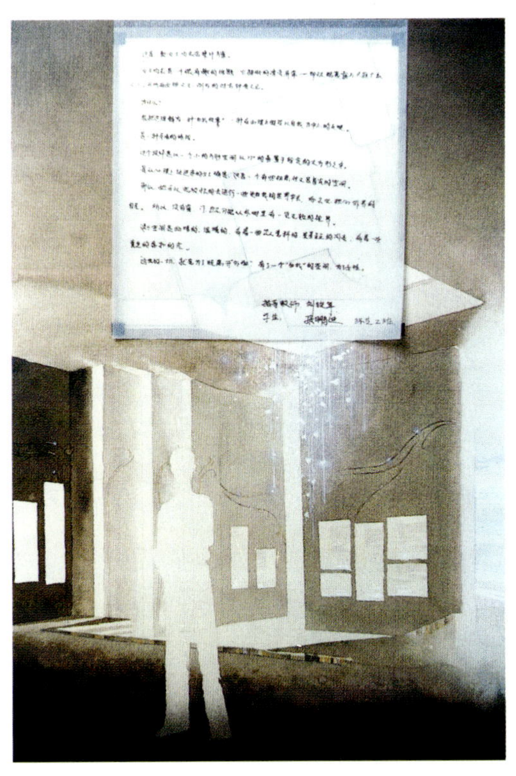

作者：张鹏迪（96级）

分类技法水彩技法

作者：邓 轩（93级）

作者：刘东雷（93级）

4.4　室内设计表现图透明水色技法

透明水色技法的优点是画面色彩明快，空间造型的结构轮廓表达清晰，适于快速表现。它可以在较短的时间内，通过简便、实用的绘图方法和绘画工具，来达到最佳的预想效果。目前无论在对外的工程设计上，还是投标中，都需要掌握一种快速的表现图技法，以争取在有限的时间内取得方案优选的主动权，透明水色技法正好符合这些要求，因而广受欢迎。

一张成功的透明水色表现图，它所依赖的条件是准确、严谨的透视和较强的绘画功能。由于透明水色属于透明性较强的颜料，因而准确生动的透视显得格外重要，透视稿一定要拷贝到干净的绘图纸上，以免着色时出现水印、油点或涂不匀等现象，颜料采用国产瓶装的水色颜料即可。

着色前，应先在头脑中想好空间的明暗层次关系，做到心中有数，做画时一气呵成，在画面中天花、地面、墙面所占的比重较大，因而它们的颜色直接影响到整个画面的色调，调色时颜色尽量要调准，争取一次到位，笔触的运用要做到准确、实用、把重点放在强调表达设计意图的关键部位。

透明水色颜料本身具有很强的透明性，因此渲染的次数不能过多，最多 2~3 次，渲染的程序也是由浅入深，画浅了可以再加重，但把握不好画重了，往浅里面提就不大容易了，因而要先画浅色的背景，再画深色的家具、陈设。

整个画面渲染完毕，可利用水粉颜料对重点部位进行深入细致的刻画，因为透明水色画法与其他技法相比缺乏深度，因而恰到好处的局部点缀可起到画龙点睛的作用，在绘制配景时，要考虑到周围环境并且要比例合适，否则破坏画面的整体性。

作者：田　原(96级)

作者：林昌勇（96级）

作者：田 雷（96级）

作者：田 雷（96级）

作者：李 江（96级）

作者：张 旭（96级）

作者：田 原（96 级）

作者：陈 丰（96 级）

作者：孙 峰（96 级）

作者：吴建云（96 级）

作者：陈哲蔚（96级）

4.5 室内设计表现图喷笔画技法

随着与国外同专业接触的越来越多，许多比较先进的工具与技法也日益增多，室内装饰行业为了加强竞争的优势和提高中标率，无不在效果图方案上大下工夫，于是在原来的水粉、水色、彩色铅笔之后喷笔画技法应运而生。

喷笔以其他工具所难以达到的特性，如：明暗、色彩的柔和过渡，光线的微妙表达，表现材料质感的逼真，一下子就占据了表现图的大部分市场。

喷笔作为一种表现工具，它的优点有很多。在以往用板刷绘制大面积的底色，现在用喷笔可直接完成，并且更容易控制效果；在对一些效果和材料的表现上可以达到乱真的地步，如表现柱面、曲面的细微颜色过渡，金属、织物、石材、皮革等材料的刻划；对不同色彩的过渡控制；对大气雾化、镜面、光线等的表现也是以前的绘制手法所难以达到的。

作者：张　月

作者：李　岩

喷笔的工作原理完全不同于其他画种。工作时通过气泵的压力，用喷出的气体带动事先加到笔内的颜料，再由气阀的人为控制或大或小地喷出雾状的色彩颗粒，以至能达到深浅自如、刻画细腻的效果。喷笔技法的表现方式也不同于笔绘方式，它的“笔”无法定下固定的笔宽，所以用以遮挡的胶模、卡片等物品是“画”喷笔画所不可缺少的辅助“工具”。

就工具方面，一支好的喷笔是不可缺少的。可选进口品牌，如日本的欧林帕斯，德国的施德楼等。其口径为 0.2~0.3mm 最为适用。其次是颜料，专用颜料最好用，但其要求纸张也要质量较高，并且价格很贵。国产颜料颗粒较大，喷出来的效果较粗糙，可选用软管装的水彩及水粉。对于直线形状较多，整体不很复杂的画面，可用一些现有的卡片、厚纸刻成形来临时派用场，成本既低，速度又快，在绘制效果图的过程中，喷笔有它独特的步骤：

(1) 首先必须把透视底稿的线条画清楚，细节要完整。

此外，还要准备一些水粉、透明水色以及毛笔、勾线笔等，除纸、膜之外还要准备一把刻膜的刀和一个足够大的水盆以便及时洗净笔中的颜料以防堵塞。将画面计划好之后，先用遮挡膜刻划好，就可以着色，在调颜色的时候由于国产的水粉颗粒较粗，在喷绘过程中容易堵住笔芯。因此颜色的过稠或过稀都会影响到画面的风格，调制得过稠喷出的色彩会过于死板而失去一些生动的变化，也就是我们常说的“腻”。反之，调制得过稀喷出的色彩会喷出水点，破坏画面的效果。做喷笔画的底稿一定要干净，不能有手印、橡皮的擦痕及油和别的痕迹。用喷笔可大面积控制色彩的特点，先喷大面积，再利用遮挡刻画每一个物体的细节，从浅入深，先上淡色，后上重色。

(2) 在普通的空间表现中，色彩的冷暖变化不宜过多，要以素描关系为主，尤其是画面中重点部位要加强对比关系。利用喷笔自然过渡均匀的特点，由画面中央向边缘有目的的逐渐淡化。具体的步骤以一幅具体的效果图为例：酒店大堂：其地面为磨光花岗岩、大理石拼花；石膏板吊顶带造型；立面材料主要为木、少量石材；另外细节有服务台、沙发等家具；楼梯及栏杆扶手，灯具、植物景观等。

1) 由于整体空间为暖色调米黄色系列，所以可以先用喷笔调和以水多色少，用暖灰色在透视图中先把大的气氛绘制一下，在原来材料为浅白色的区域先罩上暖色，后期只要再少许加工就可完成。另外根据光照的情况，大概表现一下初步的明暗色调。

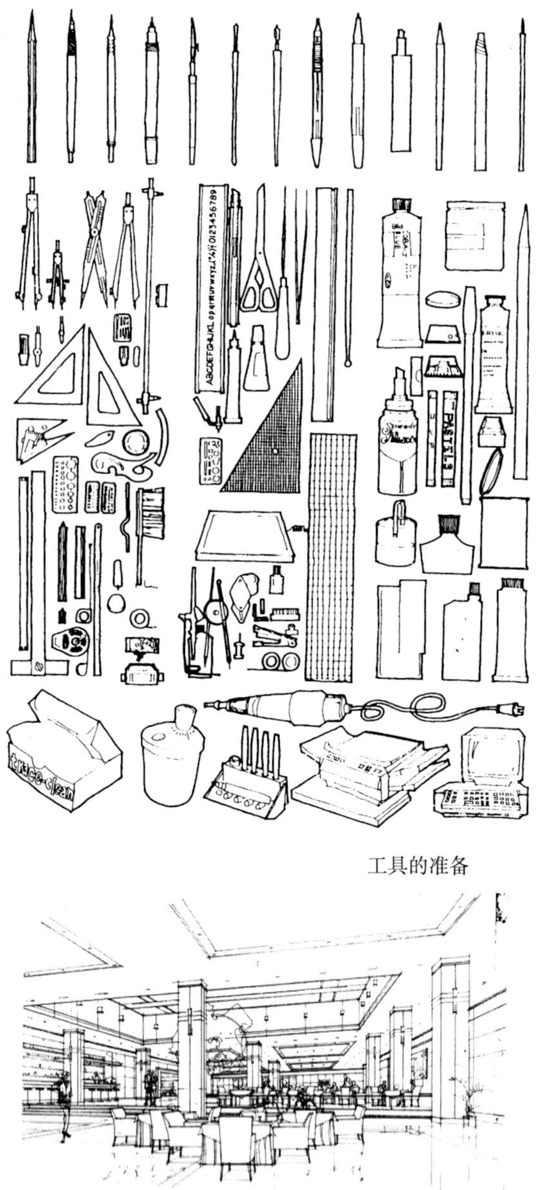

工具的准备

作者：王大海(95 级)

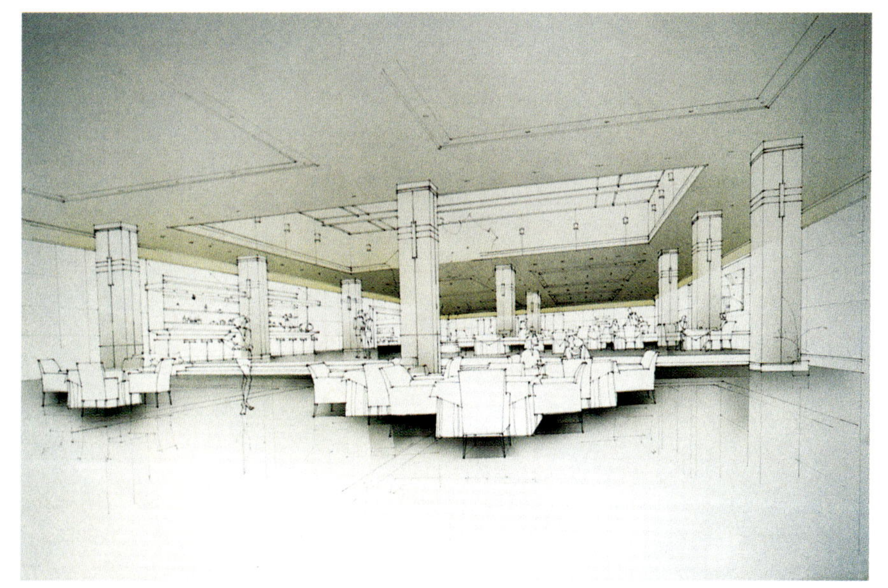

作者：王大海

作者：王大海

2) 开始绘制大块面的色彩，地面以石材为主。石材反光强度高，对家具、顶棚和周围的立面都会有反射，在绘制的时候根据光照的强度变化，先描绘较浅部分的细节以及由近到远的虚实变化，接下来可按照物体的形状在地面上描绘出它们的倒影，在画的时候本着近实远虚、保重点的原则，对在画面中位置靠前的物体对比可以强一些，物体和地面相接的地方可以重一些。在色彩上，倒影的色彩基本上都是地面本身的色彩加重，除非被反射物体的色彩是及其鲜艳的。倒影在地面反光度高的情况下是最清楚，反之越来越弱。在画地面影子的同时要调整整体画面的关系，不要面面俱到。墙面表现要注意透视远近的变化，近处刻画得要细一些，可以表现出材料的质感，从地面到顶棚基本上由深到浅可以表现光照的感觉。在表现近处的石材时，如果是花岗岩，可以把气泵的压力降得很低，能喷出细微的颗粒，能在薄薄的一层底色上可以表现出花岗岩的效果；也可以隔一些网状物喷绘出特殊的质地，还可以用橡皮均匀地擦出高光。在喷绘的基础上可以用彩色铅笔、马克笔及毛笔来描绘大理石的纹理。由于地面和墙面的表现很丰富，所以大面积的顶棚应采用平淡的画法，然后以少量的灯光来调节气氛。

3) 画到这一步，画面的基调就有了，随后再开始具体物体的描绘。室内效果图中的一些细节，在一般情况下不一定都用喷绘来表达，用手绘之后再用喷绘加工的情况也是很多的。前景中的桌面、吧台以饱和的颜色和细致的刻画来处理。木材的色调一般用棕、黄加少许绿、黑和红色来配成。设计中的一些曲面和弧形的家具也是喷笔较好的表现对象。喷笔绘制的曲面具有自然柔和的过渡，在使用喷绘的基础上可以用毛笔、彩色铅笔及麦克笔在不同基础材料底色上进一步细心绘制图案、花纹、肌理的效果，如沙发及地毯上的纹理、大理石的肌理。这些都需要平日的观察与练习。在绘制织物的图案时，一定要注意绘制图案的明暗变化，并要与底色的明暗变化保持一致，一般来说，物体转折的高光和灯光处理也需要用勾线笔来完成，高光的颜色基本上为白色再加一些物体的本来固有色。

4) 到这个阶段就可以进行整理画面的工作了。如提线、加高光，一些线脚的处理，物体两个面转折处等。均要用线加以刻画，使形体更加完整而耐看。最后的灯光处理是成功的关键。光线的照射贵精不贵多，如果到处都是光柱、高光，画面就会杂乱无章。如果是表现舞厅的灯光，在灯光的点上要加喷一些光柱，光柱以白色水粉颜料为基础，喷得既轻且薄，在白色的基础上，再加喷一些色彩，色彩不要过多，略显气氛就可。除了普通的灯光照明之外，还有一些反射光源，如槽灯等，喷绘时先用挡板挡在边缘，齐边加喷白色，如需要也加喷其他颜色。喷绘的效果图完成之后不宜修改。以上的技法也并不是每个人都完全适用，在长期的实践中可以再总结出更多的经验，并形成自己的风格。

作者：王大海 (95级)

作者：王大海

作者：王大海

作者：张月

作者：崔笑声

作者：林 洋

作者：邹迎稀

作者：刘铁军

作者：林 洋

作者：刘铁军

作者：刘铁军

作者：崔笑声

作者：张 月

作者：杜 异

作者：张 伟

作者：张 月

作者：刘铁军

4.6 计算机表现图技法

计算机表现图是指借助计算机专业绘图类软件与图像编辑软件制作的环境空间设计效果图。随着计算机硬件设备不断的更新换代和软件产品的逐步升级，计算机以其便捷、高效成为现代人类社会生活、工作中不可或缺的重要组成部分。计算机效果图更因其准确的、真实的空间表达效果，多样的艺术表现风格而成为现今环境设计领域最常用的制图方式。

随着计算机表现图技术的日臻成熟，计算机表现图的应用越来越广泛，并成为一种时尚的艺术形式。在进行计算机表现图制作过程时，众多专业软件的选择常常使人们感到困惑，操作者必须对所用的每一项软件的各项功能了如指掌，并把相关软件的配合有机地联系在一起，来完善设计师的创作意图，为此有必要对它们的功能和特点作一大概的介绍。

染服工房　　　　贾　巍(02 级)

● AutoCAD 具有悠久而独特的历史。AutoCAD 首次发行是在 1982 年。AutoCAD 是开放式结构的通用专业绘图系统，用户可以根据需要进行扩充和修改 AutoCAD 的功能，能最大限度地满足用户的特殊要求。AutoCAD 作为计算机辅助设计软件，具有强大的平面绘图功能及三维建模功能，能够绘制标准平面图、平面布置图、建筑施工图。应用行业广泛，包括建筑设计、室内设计、机电工程、土木工程及产品设计等领域。

● 3D Studio MAX 是 Autodesk 公司推出的计算机图形设计软件，它广泛应用于三维图形图像设计、动画制作中。其超强的三维建模工具、完美的材质编辑功能、逼真的环境制作介质渗透到整个系统的动画功能、强大的网络渲染功能等，形成了一个强大的设计制作平台。而它的调整参数设置的制图方式，可以对文件进行反复、能动的编辑，从而方便、准确地实现设计师的最终创作意图，为设计提供极好的展示手段。

作者：郑曙旸

选用 3DS 及 Photo Shop 软件绘制。首先运用 3DS 直接建模，空间尺度以事先选定的比例在具体的单体几何模型中统一。在大的空间界面构架搭建完毕后，先选定环境光的亮度与彩度，并打出一盏泛光灯以确定画面的总色调。然后选定照相机确定透视位置角度与镜头大小，选定的位置可锁定不变，这样在往后的建模中凡是看不到的实体模型都可不建，由此可节省不少硬盘空间，以利于绘图速度的提高。在空间的整体模型、色调、构图确立后，再进行细部的建模。凡是涉及到圆形或球体之类的模型，要选定合适的界面数量，界面太多会影响运算速度，太少则影响画面效果。贴材料的先后可根据自己的习惯，但最好先把影响空间总体效果的界面材料先确定下来，这样有利于画面整体效果的完整性。

灯光的设置是计算机绘图的难点，以上三幅图的用灯量并不多，主要是投射位置、角度、亮度、彩度选得比较合适。计算机绘图在用光上与摄影的道理是一致的，不妨平时在摄影中提高自己用光的能力。

作者：张　月

简洁的设计风格并不失大气，比较适合军队的庄重气氛。这张图的关键在于材质的表现，由于沉稳的基调决定了不可能在色彩上做很多文章，因此，掌握好几种石材的素描关系的对比及微妙的色彩关系变化显得很关键。由于考虑到这一特定的环境限制，因此没有在后期贴图上做任何文章，但并未对画面的整体效果有任何影响。

作者：林　洋

这张大堂表现图，通过分明的素描关系与饱和的色彩联系充分体现出这个空间的力度和形式感。模型上把握好石材的贴图尺度与反射效果是关键，其次红色装饰物建模运用3DS中的旋转阵列命令，在材质的表现上恰到好处，既作出了透明感也体现出了硬度。窗外的背景贴图、丰富的室内空间，色调的把握对比恰当，使整体画面完整、逼真。

作者：束　坤、张　行(93级)

由于空间的进深较深，在设计上考虑利用这一特点，做出节奏感、韵律感。建模上做出一个基本单元模型，然后用3DS中的陈列命令。墙面与地面石材的反射效果很大程度上决定了这幅画的最终效果是否精彩。最好把要反射的物体做成一个面，这样既节省面、节省渲染时间，又容易出效果。植物在3DS中利用透明贴图贴在一个BOX上，打上聚光灯，做出真实的植物投影效果。人物贴图要根据透视比例贴在恰当位置，远处的人可把其透明度降低。恰当的通过人物贴图可看出一个空间的层次关系。

酒吧设计　　陈　曦(02 级)

酒吧设计　　陈　曦(02 级)

这两张图都是在 3D Studio MAX 建模制作完成。

空间概念设计

在 3D Studio MAX 建模制作完成，没有材料的质感和色彩，只强调空间的构造。

居室餐厅和家具设计　　　　孟莹莹(02 级)

走廊　　刘　爽(02 级)

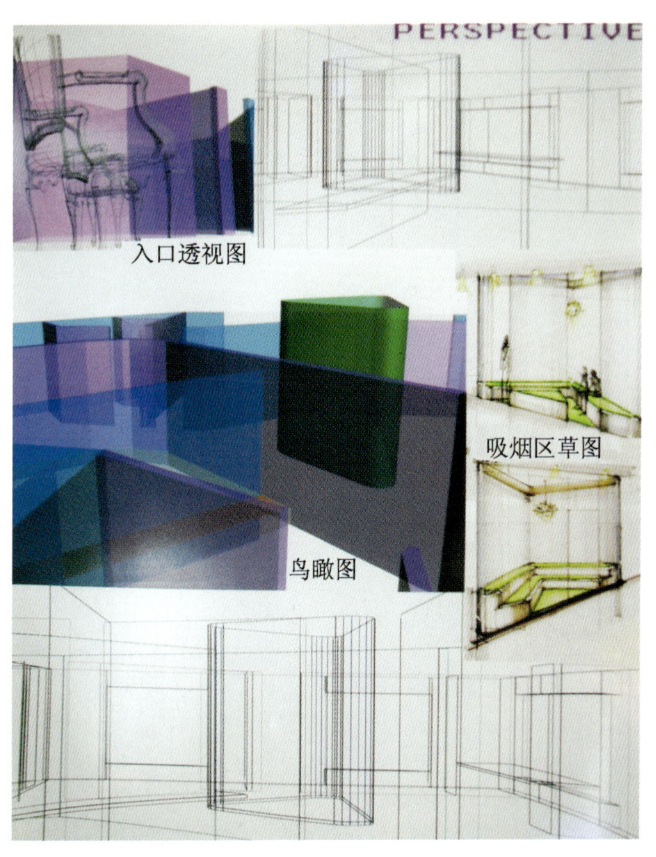

3D Studio MAX 建模制作完成，主要用线和色块构建空间。后期 PHOTOSHOP 合成。

● Photoshop 是由 Adobe 公司于 1990 年推出的首屈一指的大型图像处理软件。它功能强大，操作环境简捷、自由，拥有变幻无穷的滤镜功能，支持众多的图像格式。Photoshop 主要用来处理位图图形，广泛用于对图像进行效果制作及对通过其他软件制作的图形做后期效果加工。随着版本的不断更新，新功能的增添，应用领域也越来越宽广，使其确立了在图像处理软件中的龙头地位。

万科公寓起居室　　作者：郑曙旸

选用 PHOTOSHOP 和 PAINT 软件。首先手绘一张黑白的线框图，然后用扫描仪输入计算机。先在 PHOTOSHOP 中填色，可用平涂或渐变的工具。然后进入 PAINT 软件作后期处理；模拟各种绘画的效果，如灯光的晕染、毛织物的绒边、丝织物的反光等。最后返回 PHOTOSHOP 作整体色调的调整。

华北电力大厦会议室　　作者：郑曙旸

这两张图选用 PHOTOSHOP 和 PAINT 软件。首先手绘一张黑白的线框图，然后用扫描仪输入计算机，再 PHOTOSHOP 中填色，可用平涂或渐变工具，然后进入 PAINT 软件作后期处理，模拟各种绘画的效果，如灯光的晕染、毛织物的绒边、丝织物的反光等。最后用 PHOTOSHOP 作整体色调的调整。

建筑原景照片与三维建模在 PHOTOSHOP 中合成制作完成。

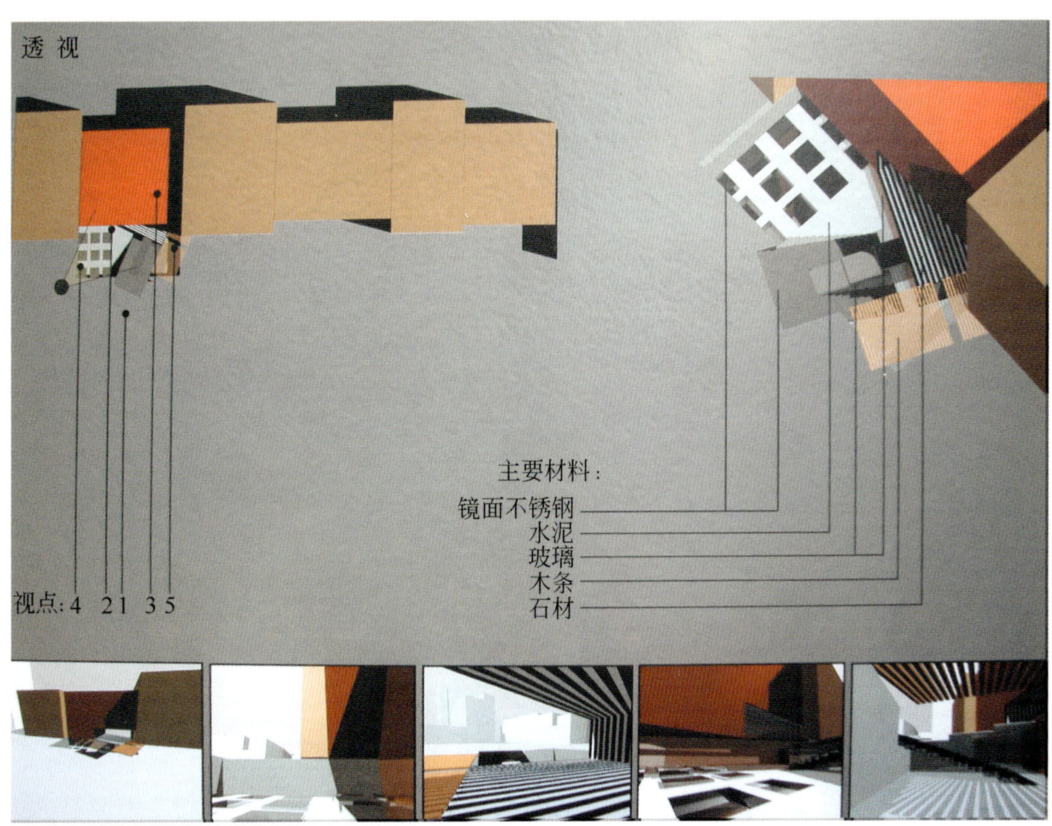

周佳伦(02 级)

在 3D Studio MAX 中三维建模后出透视线图，手绘上色，最后在 PHOTOSHOP 中剪贴、画面合成制作完成。

周佳伦(02 级)

手绘建筑剖立面图，在 PHOTOSHOP 中上色、剪贴、制作完成。

家具设计　　　　　　　　　　　马　力(03级硕士)

家具设计　　　　　　　　　　　马　力(03级硕士)

运用平面绘图软件 PHOTOSHOP 和 Illustrator 制作完成，注重画面的平面构图，色彩鲜明有很强的感染力。

作者：丁丁(02级)

作者：丁丁(02级)

手绘图后在 PHOTOSHOP 等平面软件中作后期处理。

● Lightscape 是一个融合了光能传递（Radiosity）和光影跟踪（Ray Trace）两种渲染方法为一体的创建精确三维渲染图的应用软件。Lightscape 有很多独特的高级渲染技术，可精确模拟环境中光源的光学性质，从而得到其他渲染软件无法达到的真实模拟客观世界的全三维的渲染结果。同时它能够通人机交互界面灵活修改光源和材料，根据设计和任务的要求对最终图像结果进行精确的控制。

大堂设计　　韩　旭(02 级)

会所设计　　徐晓艳(02 级)

会所设计 徐晓艳(02级)

会所设计 徐晓艳(02级)

● Sketchup 软件主要是为设计师自己设计的一款软件，能快速地表现空间形体、材质和色彩的关系。3DMax 主要是以体、块来建模，而 Sketchup 建模方式主要是以面为主，这比传统 3DMax 而言更显得方便、快捷。此外，Sketchup 没有灯光渲染功能，它只能展现一般的空间关系，在设计师推敲设计的阶段起重要的作用。把 CAD 文件直接导入 Sketchup 里，再进行拉伸、建模，Sketchup 模型也可以转化为 3DMAX 文件，进行后期灯光处理，另外与 Sketchup 配套使用的还有 Parinisi 和 Artlantis 软件。

作者：李　禹(03 级硕士)

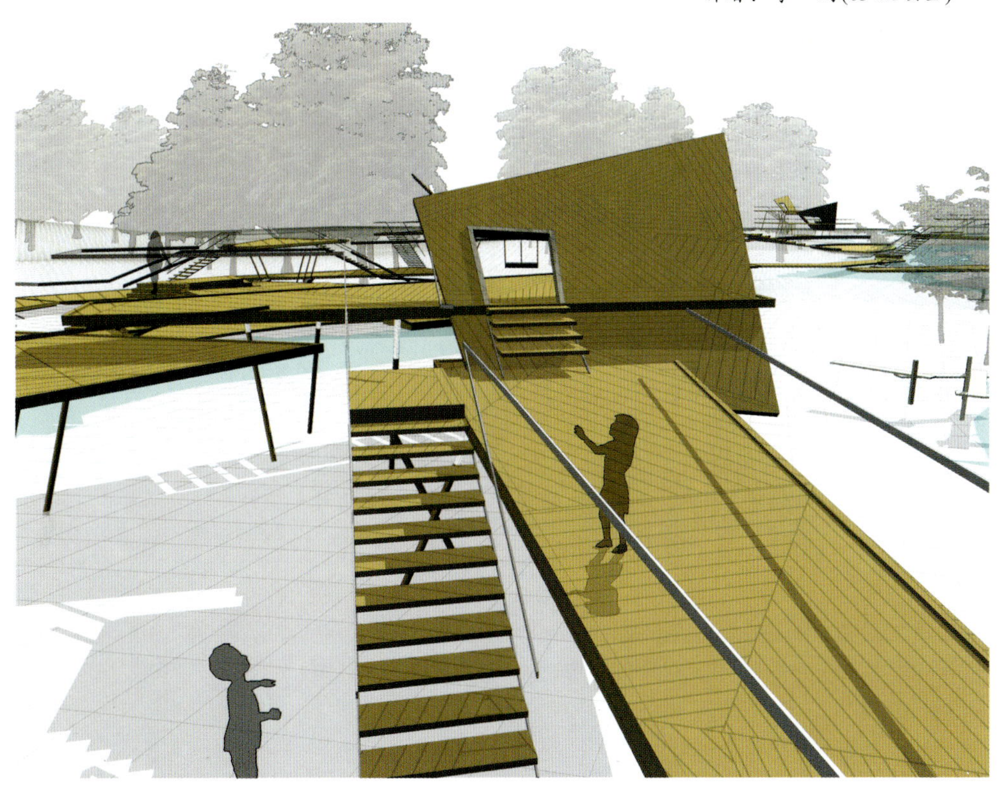

景观设计　　作者：高　婷(02 级)

作者：吕婧婧(02级)

私家庭院一角　　　　作者：吕婧婧(02级)

住宅设计　　　　　　　作者：杨　茗(04级硕士)

电视间一角

作者：吕婧婧(02级)

客厅一角

作者：吕婧婧(02级)

作者：吕婧婧(02 级)

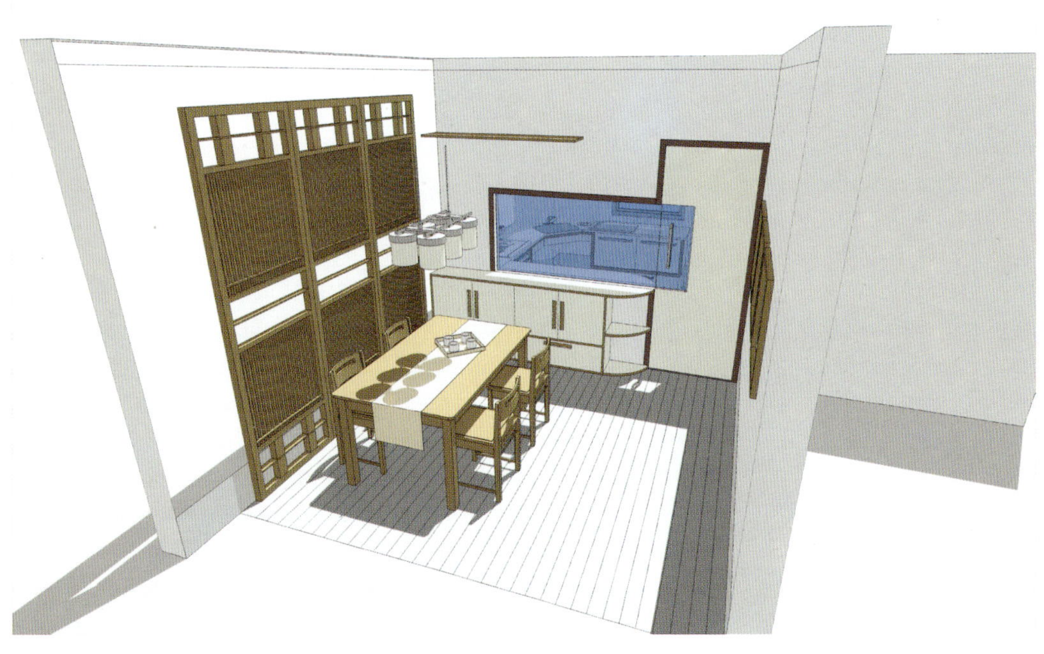

厨房设计　　　　　　　　作者：李　焉(03 级硕士)

另外，在计算机绘图、图像编辑软件领域中流行的还有：功能强大的矢量绘图软件 Illustrator、CorelDraw；计算机美术绘画软件 Painter；三维动画的制作软件 Maya、Softimage；建筑、室内三维效果设计软件 3D Studio/VIZ；基于造型的三维机械设计软件 SolidWorks、小但功能强大的工业设计软件 Rhino 等，还有国内软件公司在 CAD 软件平台上开发的圆方、天正等专业绘图软件。

计算机表现图在造型、材料、空间等方面为设计师推敲设计方案提供了便利。设计师能在计算机的帮助下将自己的艺术修养和专业知识发挥到极致。一幅真正优秀的计算机表现图，是高水准的设计与娴熟的专业绘图软件操控技能的结晶。

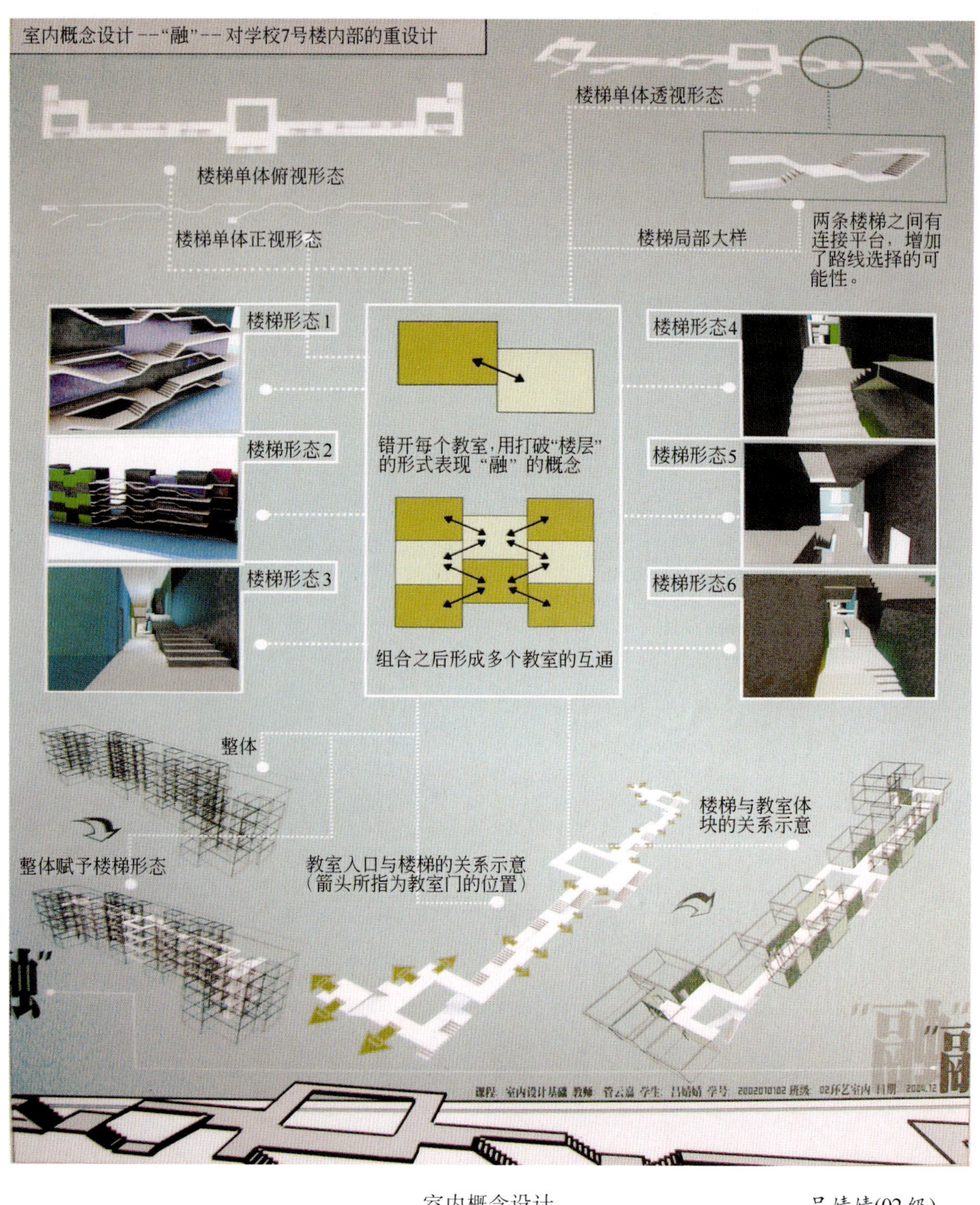

室内概念设计　　吕婧婧(02级)

综合运用多种计算机绘图软件制作。

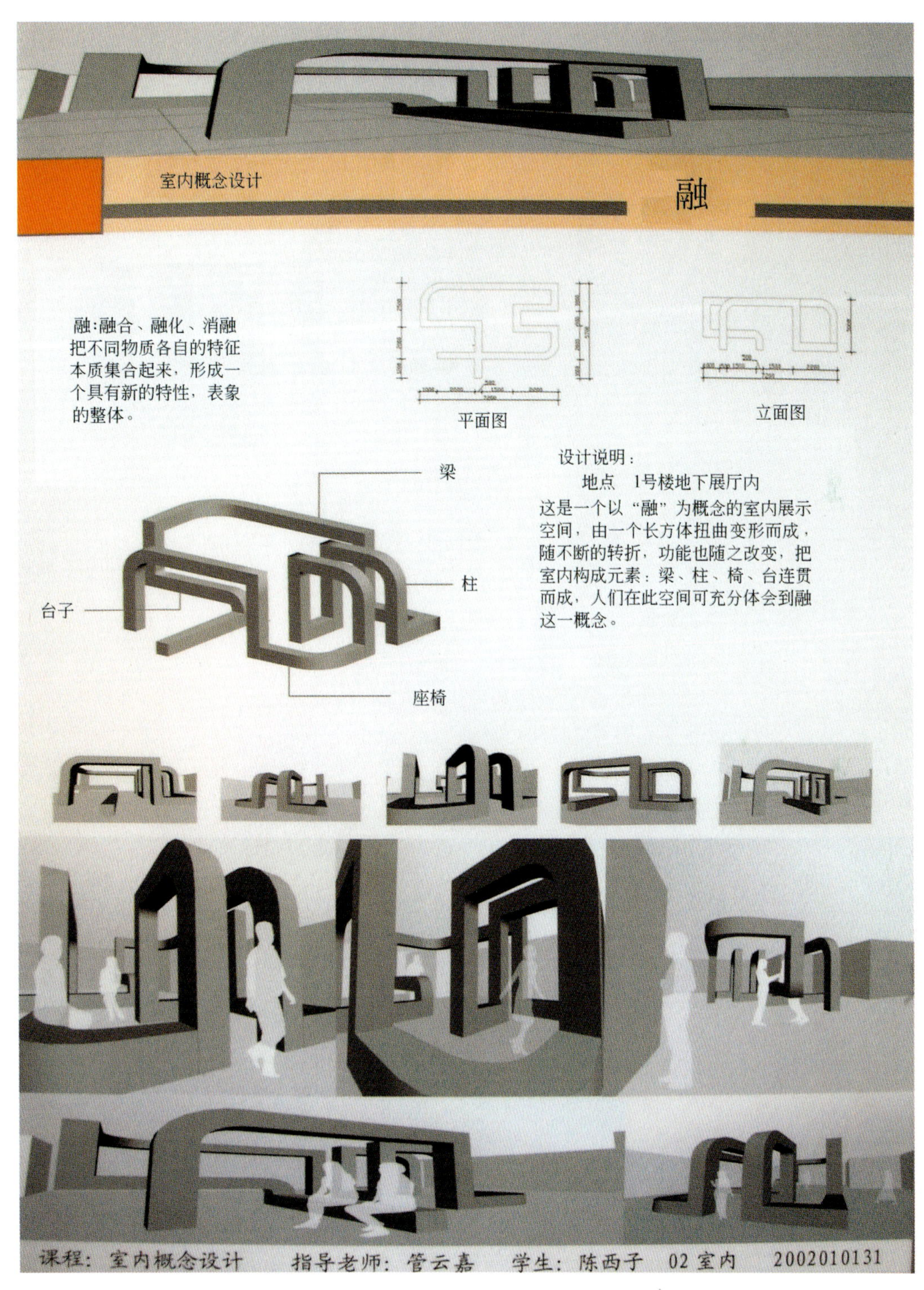

室内概念设计　　作者：陈西子(02 级)

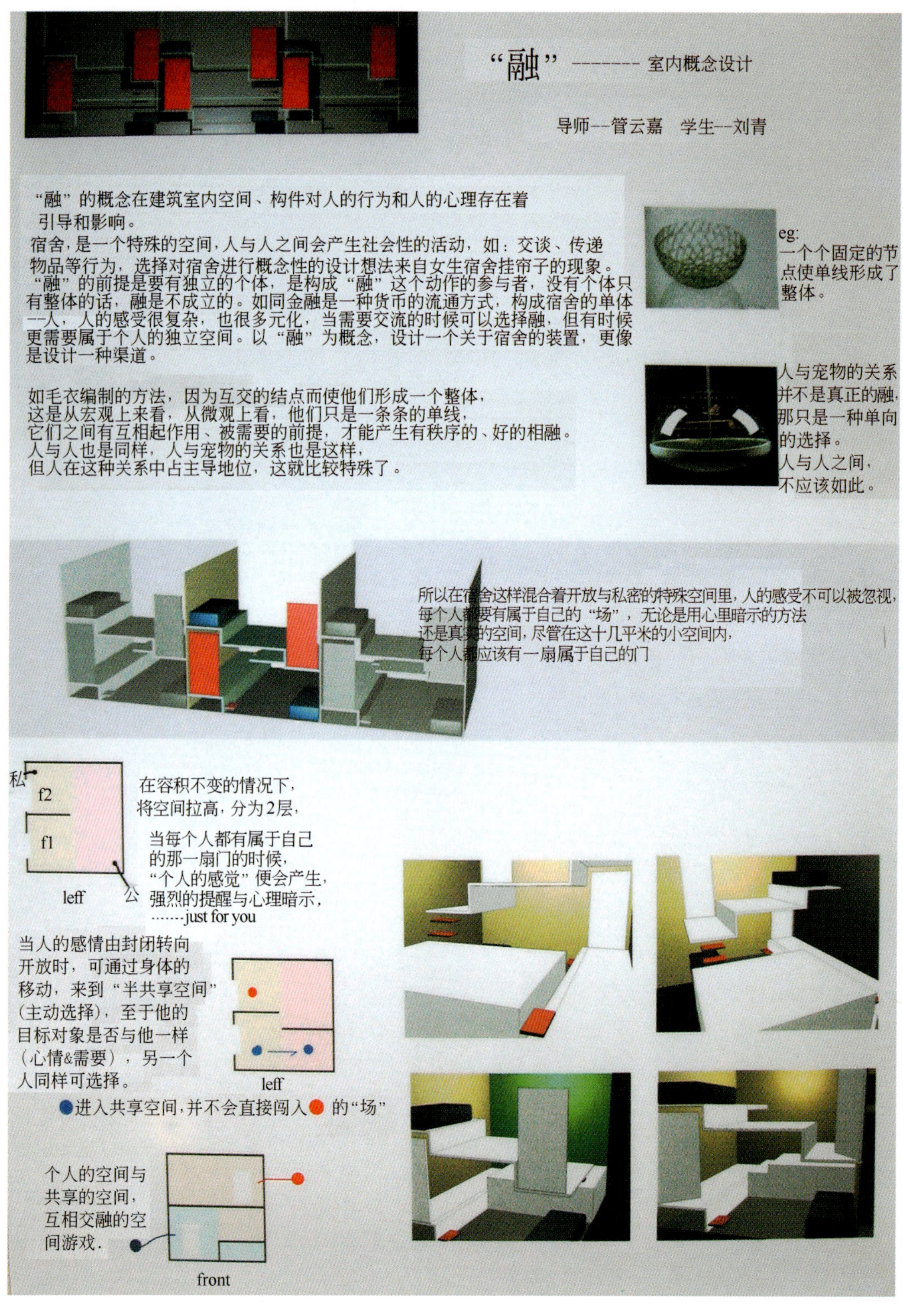

"融" -------- 室内概念设计
导师--管云嘉 学生--刘青
"融"的概念在建筑室内空间、构件对人的行为和人的心理存在着引导和影响。
宿舍，是一个特殊的空间，人与人之间会产生社会性的活动，如：交谈、传递物品等行为，选择对宿舍进行概念性的设计想法来自女生宿舍挂帘子的现象。"融"的前提是要有独立的个体，是构成"融"这个动作的参与者，没有个体只有整体的话，融是不成立的。如同金融是一种货币的流通方式，构成宿舍的单体--人，人的感受很复杂，也很多元化，当需要交流的时候可以选择融，但有时候更需要属于个人的独立空间。以"融"为概念，设计一个关于宿舍的装置，更像是设计一种渠道。
eg:
一个个固定的节点使单线形成了整体。
如毛衣编制的方法，因为互交的结点而使他们形成一个整体，
这是从宏观上来看，从微观上看，他们只是一条条的单线，
它们之间有互相起作用、被需要的前提，才能产生有秩序的、好的相融。
人与人也是同样，人与宠物的关系也是这样，
但人在这种关系中占主导地位，这就比较特殊了。
人与宠物的关系并不是真正的融，那只是一种单向的选择。
人与人之间，不应该如此。
所以在宿舍这样混合着开放与私密的特殊空间里，人的感受不可以被忽视，
每个人都要有属于自己的"场"，无论是用心里暗示的方法
还是真实的空间，尽管在这十几平米的小空间内，
每个人都应该有一扇属于自己的门
私
f2
f1
leff
公
在容积不变的情况下，
将空间拉高，分为2层，
当每个人都有属于自己的那一扇门的时候，
"个人的感觉"便会产生，
强烈的提醒与心理暗示，
.......just for you
当人的感情由封闭转向开放时，可通过身体的移动，来到"半共享空间"（主动选择），至于他的目标对象是否与他一样（心情&需要），另一个人同样可选择。
leff
进入共享空间，并不会直接闯入 的"场"
个人的空间与共享的空间，互相交融的空间游戏。
front

作者：刘青(02级)

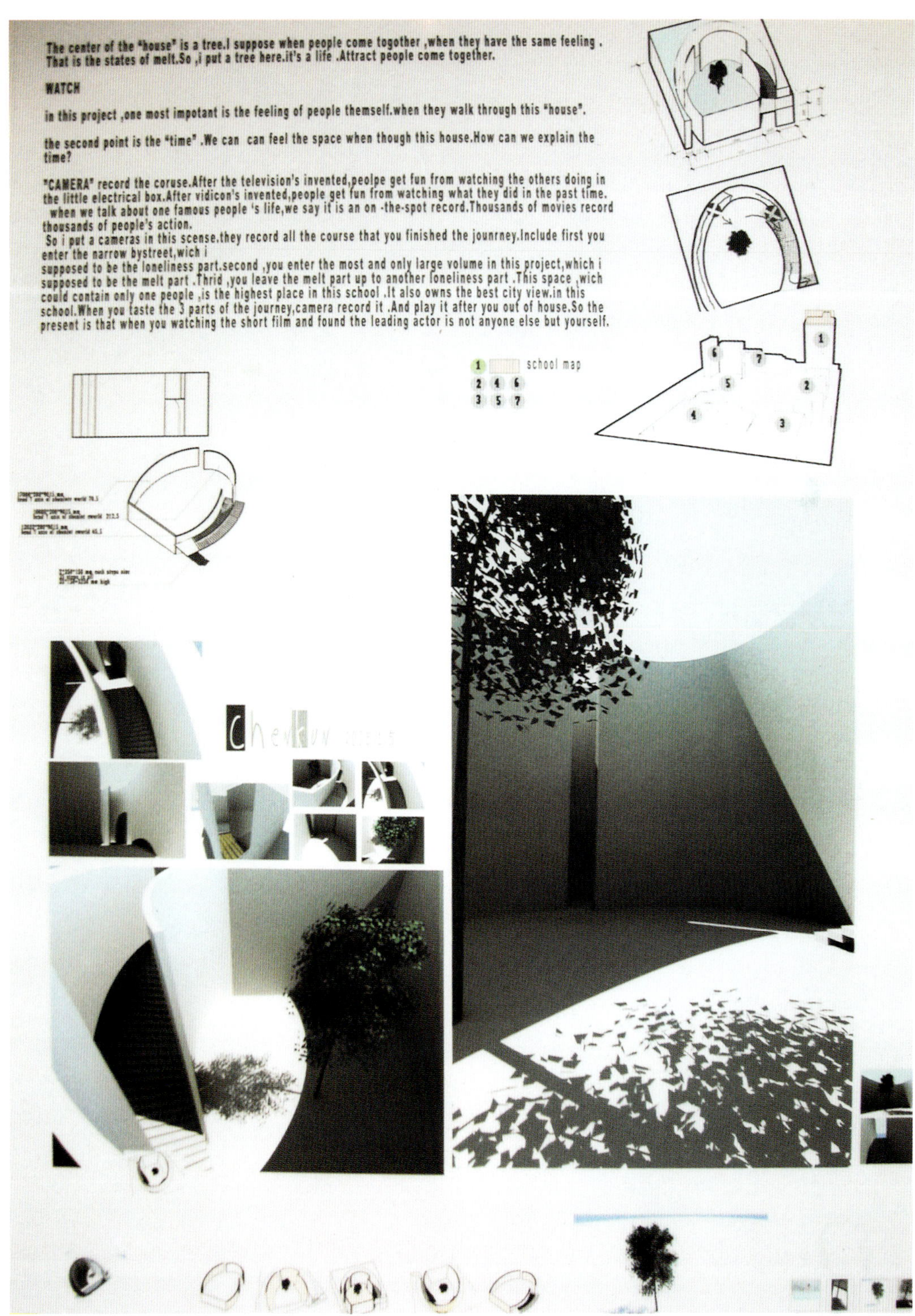
The center of the "house" is a tree.I suppose when people come togother ,when they have the same feeling . That is the states of melt.So ,i put a tree here.it's a life .Attract people come together.
WATCH
in this project ,one most impotant is the feeling of people themself.when they walk through this "house".
the second point is the "time" .We can can feel the space when though this house.How can we explain the time?
"CAMERA" record the coruse.After the television's invented,peolpe get fun from watching the others doing in the little electrical box.After vidicon's invented,people get fun from watching what they did in the past time. when we talk about one famous people 's life,we say it is an on -the-spot record.Thousands of movies record thousands of people's action.
So i put a cameras in this scense.they record all the course that you finished the jounrney.Include first you enter the narrow bystreet,wich i
supposed to be the loneliness part.second ,you enter the most and only large volume in this project,which i supposed to be the melt part .Thrid ,you leave the melt part up to another loneliness part .This space ,wich could contain only one people ,is the highest place in this school .It also owns the best city view.in this school.When you taste the 3 parts of the journey,camera record it .And play it after you out of house.So the present is that when you watching the short film and found the leading actor is not anyone else but yourself.
school map

4.7 马克笔技法

马克笔也是快速表现技法中比较常用的绘图工具，它具有着色简便，宜于笔触叠加后色彩变化丰富的特点，马克笔属于油性笔，它的颜色有上百种，各种色调从浅到暗，从灰到纯，使用起来非常方便，它的另一个特点是在纸张的选用上比较随意，不同的纸张在着色后会产生各种特殊的效果，如马克笔专用纸、硫酸纸、白卡纸以及水彩纸等。目前比较流行的马克笔画法并不是单纯的使用马克笔一种绘图工具，而基本上属于一种综合技法，但马克笔是主体，这是因为大面积着色，马克笔就不如透明水色或水彩那样既均匀又节省时间，与其他画法一样，掌握马克笔绘画技法的熟练程度与图面效果的优劣取决于美术基础水平的高低。

作者：高　亮(96级)

作者：张绍文(96级)

作者：毛 智（96级）

作者：陈 丰（96级）

作者：王 鹏（96级）

作者：张龙怡(96级)

作者：孙　艳(93级)

作者：陈建生(04级)

作者：李 岩

作者：王 鹏（96级）

作者：高　亮（96 级）

作者：张绍文（96 级）

作者：陈哲蔚（96级）

作者：张鹏迪（96级）

作者：田　雷（96级）

作者：张　旭（96级）

作者：殷海涛（96级）

第5章　室内设计表现图综合技法及快速表现技法（第三单元）

5.1　综合表现技法

根据各种表现技法不同的特点，一张效果图可以有多种表现形式，各种技法扬长避短以达到效果图的最佳效果。一般来讲，透明水色适合大面积涂色，因为颜色本身比较薄，有很好的透明度，但不宜过重，绘画遍数不宜过多；水粉色覆盖力好，能充分地表现物体的光感、质感，刻画细致容易修改；水彩色的水溶性好和覆盖力介于水粉色和透明水色之间，需要有很好的绘画技巧，程序感强, 绘制细致。

就工具而言，喷笔技法不适合大面积的平涂渲染，而在刻画色彩的退晕、材料高光、灯光带、增强空间层次等方面有很强的优势；马克笔、彩色铅笔适合刻画物体的暗部、阴影和物体的质感如：石材、树木的纹理。不一定每一张效果图技法都一样，根据室内设计特点、功能不同，在技法上也可有一定侧重，以表现不同的室内空间气氛。

和其他绘画种类相比，室内设计表现效果图的另一个绘画特点是有一定的程式化画法，它既是优点也是缺点。

优点在于：一套程序画法使表现技法能很容易掌握，先画什么，后画什么，步骤明确。

缺点在于：学生很容易被这种程序化套死，表现技法没有新拓展。

所以在第三阶段的技法课，除了训练综合技法的表现，还要进行新技法、新课题的尝试训练以开拓学生思路。室内设计表现图可以借鉴其他专业绘图的表现技巧，采它山之石，为己之用，只要画面效果好，技法的选择是不受限制的。在技法训练课中，最大限度发挥学生的绘画技法个性，摆脱程式化画法的束缚，创作出有个性、有特色、有创意的表现图。

5.2　快速表现技法

所谓快速表现，也就是在最短的时间内，通过简便、实用的绘图方法和绘图工具，来达到最佳的预想效果。

一张成功的快速表现图，它所依赖的条件是准确、严谨的透视和较强的绘画能力。由于快速表现图所需要的时间比较短，在着色上又多以透明水色、马克笔等透明颜料为主，因而准确、生动的透视便显得格外重要。

目前比较流行的一种快速表现方法是画好透视后，在透视稿的基础上，用钢笔或签字笔加重线条，然后着淡色。钢笔和签字笔所勾画的线条坚实感和力度感很强，细部刻划和线脚的转折都能做到精细准确。这也是它与水粉等画法相比的优势所在。快速表现图本身与长期作业的效果图相比就缺乏深度，因而恰到好处的局部点缀可起到画龙点睛的作用。

专业表现技法(第三单元)课程安排

周数	星期	授课内容	教学目的和要求
第一周	星期一	授课、幻灯片演示教师示范	使学生掌握多种综合表现技法及快速表现技法，对新技法的大胆尝试
	星期二		
	星期三		
	星期四		
	星期五		
第二周	星期一	布置第一次作业 学生课堂练习 作业讲评	多种综合表现技法作业两张，要求不同风格(2 号图纸)
	星期二		
	星期三		
	星期四		
	星期五		
第三周	星期一	布置第二次作业 学生课堂练习 作业讲评	快速表现技法一张(2 号图纸)，能在短时间内完成多种技法的快速表现
	星期二		
	星期三		
	星期四		
	星期五		
第四周	星期一	布置第三次作业 学生课堂练习 作业讲评	以某一主题为内容，进行新技法方式的训练。如表现“光”、“水”、“绿化”而不是只就某一特定空间进行技法训练，可以多个画面的组合，表现方法不限
	星期二		
	星期三		
	星期四		
	星期五		

第一、二周作业：综合表现技法作业

绘画技法：水粉、彩色铅笔、碳铅笔勾线

作者：孙　艳(93级)

绘画技法：碳铅笔、水粉、喷笔

作者：何　英(93级)

钢笔勾线透明水色、彩色铅笔
作者：崔笑声

绘画技法：油性一次绘画、笔勾线水彩、喷笔技法、

作者：孙 艳（93级）

绘画技法：透明水色水粉、马克笔、喷笔技法、签字笔勾线

作者：邓 轩（93级）

绘画技法：钢笔勾线图片前贴透明水色

作者：孙　艳(93级)

作者：许晓青(04级)

第三周作业：快速表现技法

作者：王俊奇(04级)

1
3
4
5
6

在水中穿梭
水的房子
安徽民居与天井
室内水
室外水
生活空间
室内外水循环示意图
从内台向外观看瀑布的水帘
室内天井天花图

作者：王辰劼（96级）

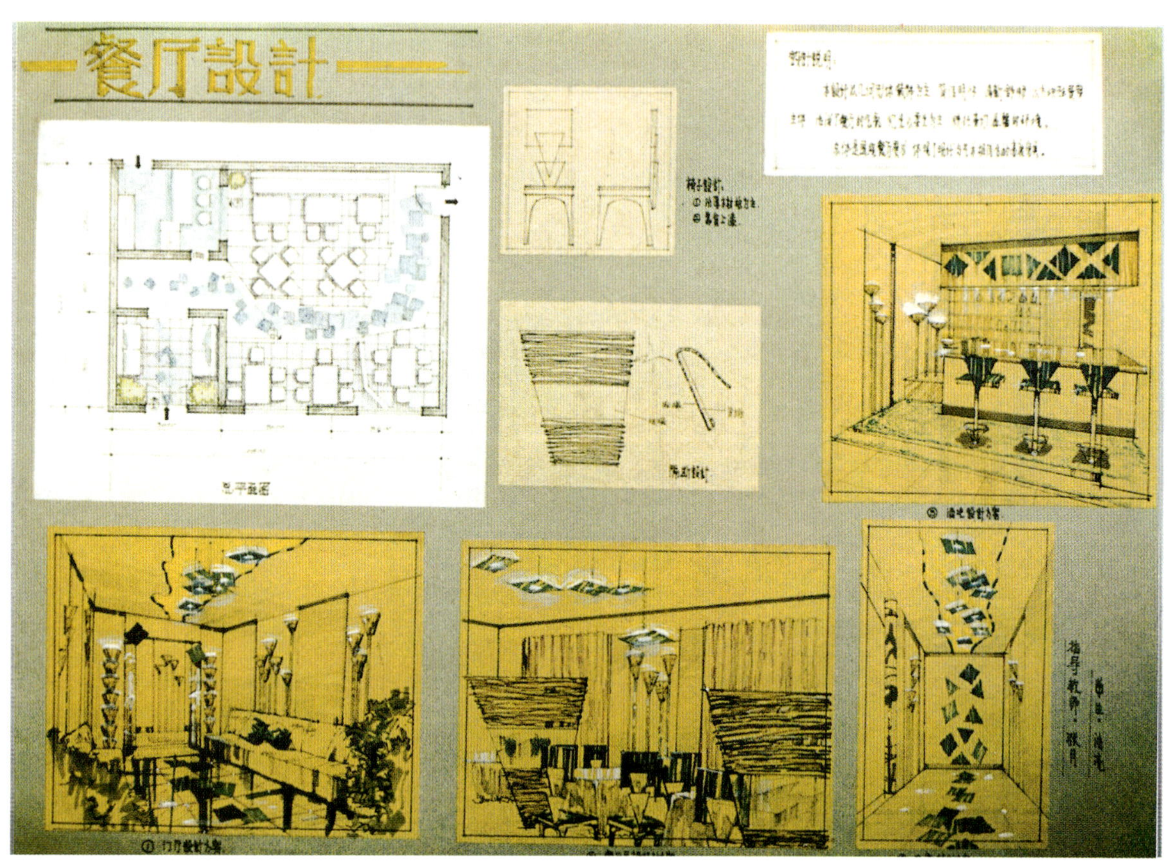

作者：沈　亮(92级)

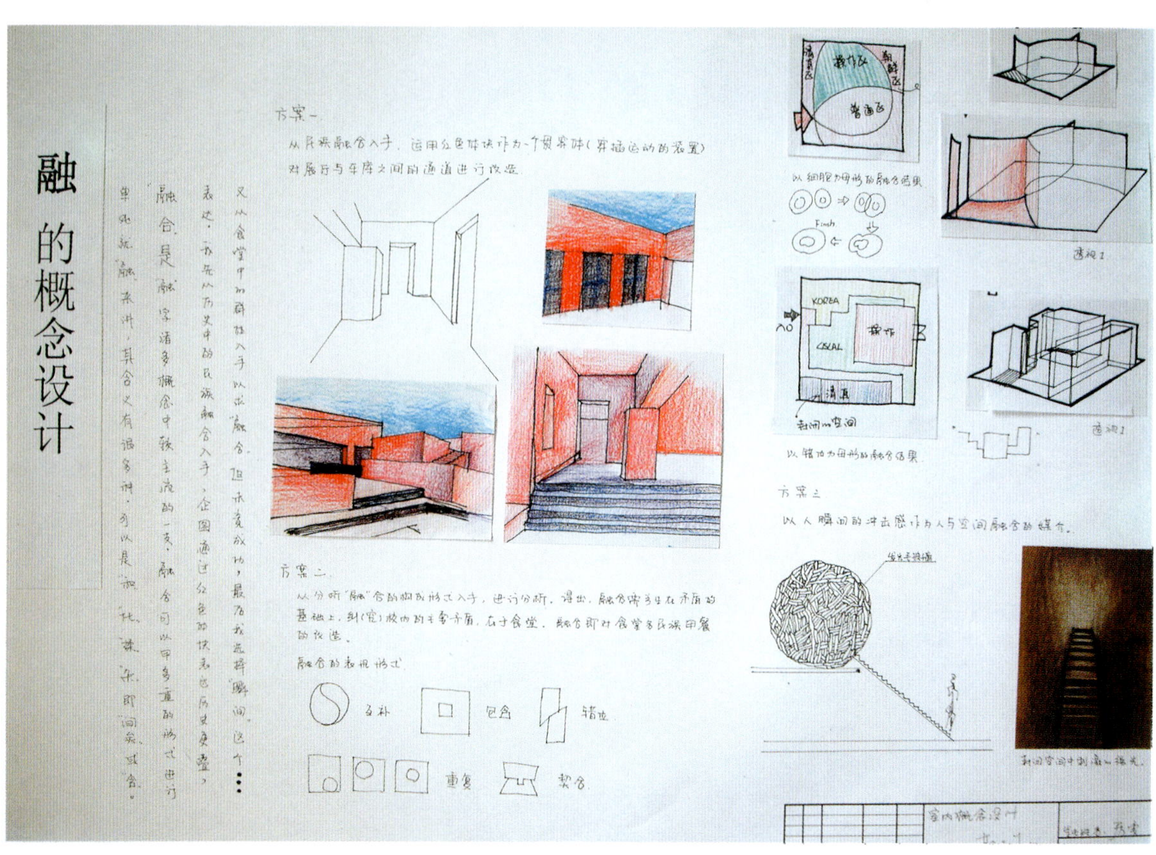

作者：房雯(02级)

第四周作业　以水、光、绿化为主题的综合表现

绘画技法：有色卡纸、喷笔

作者：刘东雷

绘画技法：水粉、喷笔

作者：滕学荣（94级）

以水为主题综合表现技法。透明水色，彩色铅笔

作者：王　辰(92级)

以水为主题综合表现技法。课程作业绘画技法，绘图钢笔勾线、彩色铅笔、水彩、图片剪贴

作者：刘海涛(92级)

以光为主题综合技法，绘画技法绘图钢笔勾线、水粉喷笔图片剪贴

作者：戴晓强（93级）

以光为主题、综合技法，绘画技法：灰色长线、透明水色、彩色铅笔

作者：孙 艳（93级）

以光为主题综合表现技法，绘画技法，有色卡纸彩色铅笔

作者：邓 轩（93 级）

以光为主题综合表现技法，绘画技法：水粉、图片剪贴

作者：刘阿波（93 级）

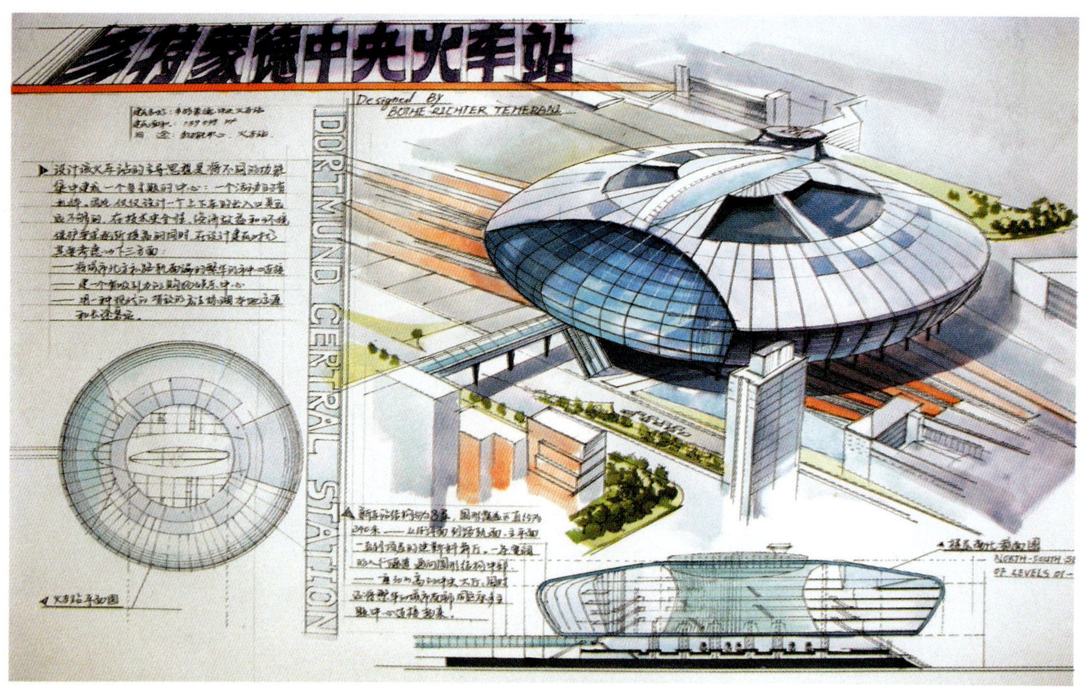

作者：王世仁(04 级)

作者：王　娜(04 级)

Business Promotion Centre
GERMANY
GTT|KAISER BAUTECHNIK
4,000 SQUARE METRES
CONCRETE FRAME
EXPOSED CONCRETE
STAINLESS
STEEL, STONE, PLASTERBOARD

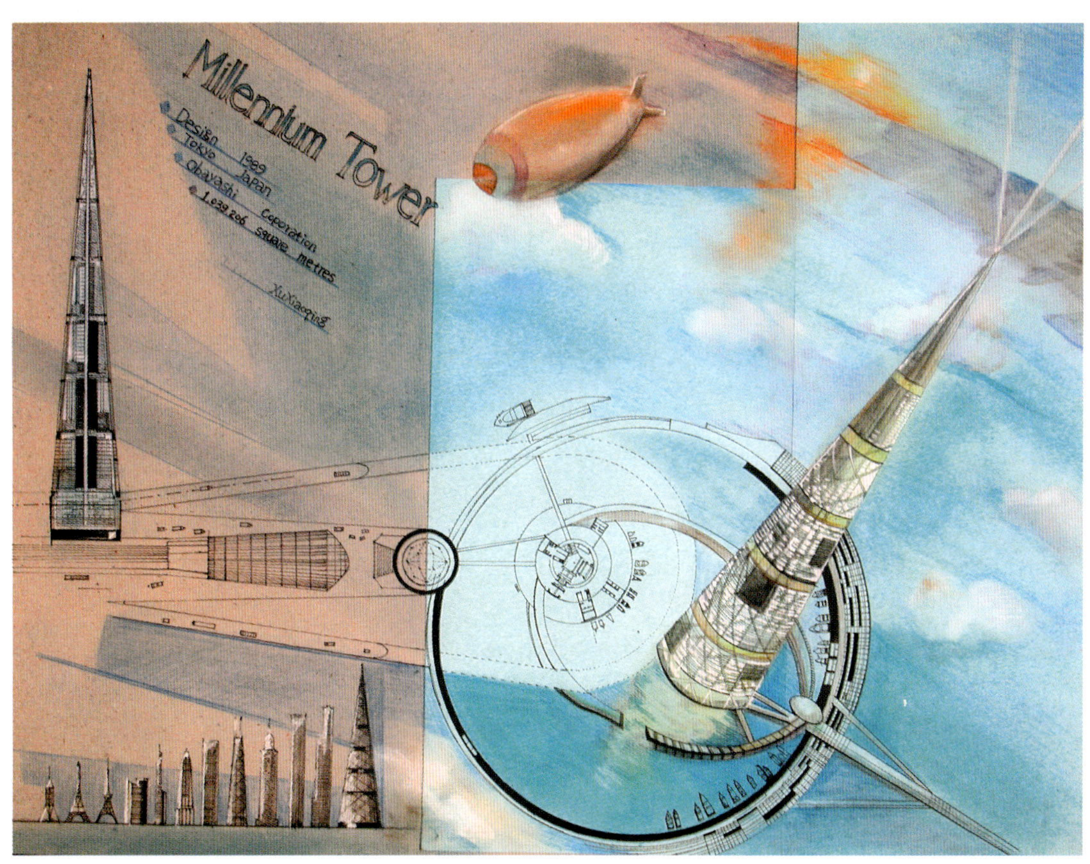
Millennium Tower
Design 1989
Tokyo Japan
Obayashi Coporation
1,039,206 square metres
XuXiaoqing

作者：许晓青(04级)

作者：陈建生(04级)

作者：史建亮(04级)

作者：王俊其(04级)

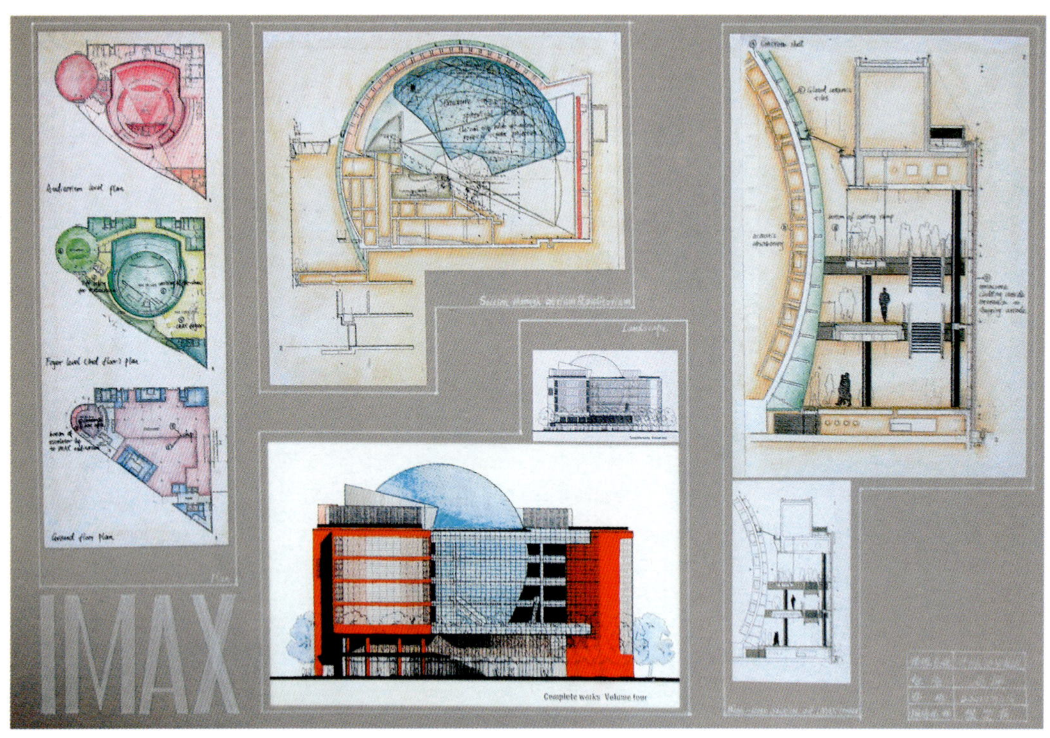

IMAX
Complete works Volume four

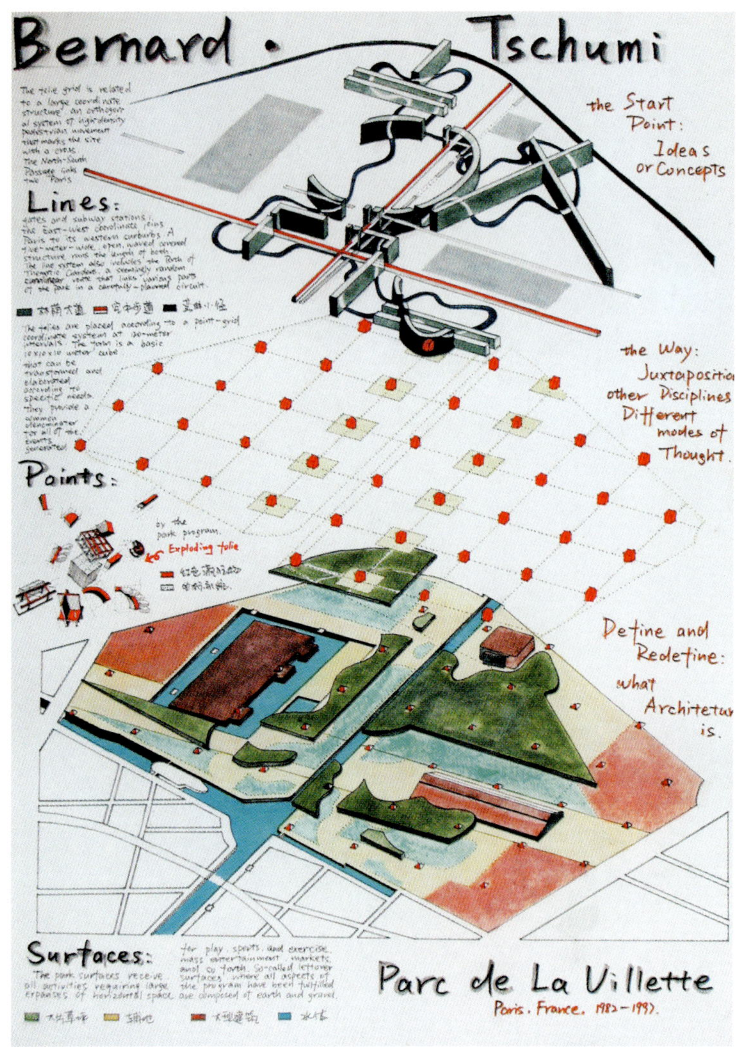

Bernard · Tschumi
the Start Point: Ideas or Concepts
Lines:
Points:
Exploding folie
the Way: Juxtaposition other Disciplines Different modes of Thought.
Define and Redefine: what Architectur is.
Surfaces:
The park surfaces receive all activities requiring large expanses of horizontal space
Parc de La Villette
Paris. France. 1982-1997.

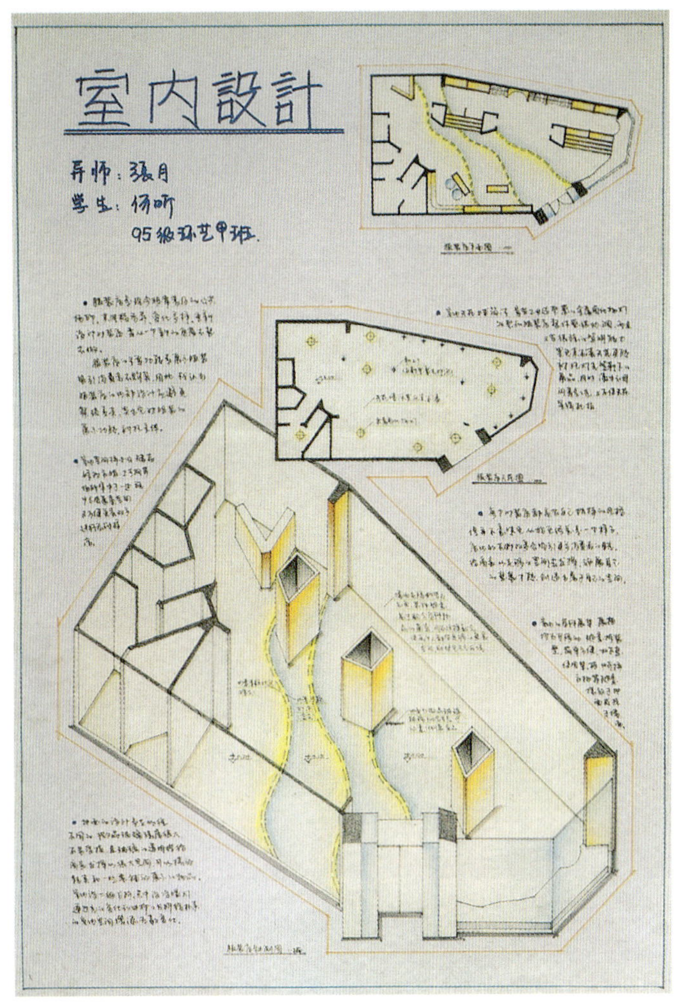

室内设计课，绘画技法：彩色铅笔

作者：何　昕(95级)

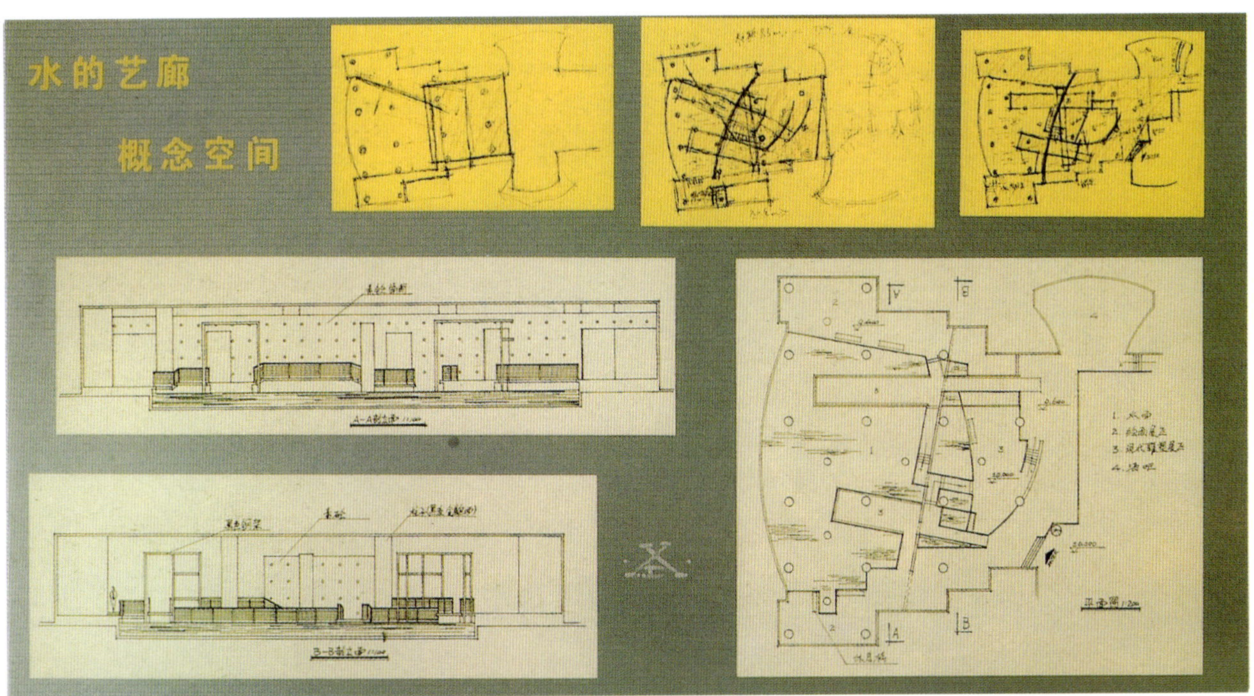

公共空间室内设计作业，透明水色

作者：刘　欣(93 级)

透明水色，喷笔

作者：何　易(93 级)

作者：毛小虎（92 级）

作者：毛小虎（92 级）

附：教师作品范例

作者：郑曙旸

作者：杜 异

作者：杜 异　杨 军

作者：杜 异

作者：刘铁军

作者：刘铁军

作者：刘铁军

作者：刘铁军

作者：刘铁军

工商银行泰安培训中心大堂设计方案

作者：杨冬江

工行泰安培训中心咖啡厅设计方案

作者：杨冬江

门厅设计方案

作者：杨冬江

中央人民广播电台咖啡厅，设计方案

作者：杨冬江

歌厅设计方案

作者：杨冬江

作者：张 月

作者：苏丹

作者：苏丹

作者：苏丹

参 考 文 献

1 郑曙旸. 室内表现图实用技法. 北京：中国建筑工业出版社，1991
2 张绮曼，郑曙旸. 室内设计资料集. 北京：中国建筑工业出版社，1991
3 江苏省建筑工程局组织编写. 建筑室内装饰说图. 北京：中国建筑工业出版社，1992
4 室内设计表现图、中央工艺美术学院环境艺术设计系、环境艺术发展中心专集. 北京：中国建筑工业出版社，1996
5 白佐尼. 建筑画(2)1986: 17~ 18
6 赵曼，Andy Brown(英)编著. 计算机建筑表现图. 哈尔滨：黑龙江科学技术出版社, 1995
7 现代建筑效果图. 贝恩出版社、北京：中国计划出版社, 1997
8 (美)R. 麦加里, G. 马德森. 美国建筑画选. 白晨曦译. 北京：中国建筑工业出版社，1996
9 北京金洪恩计算机有限公司. 神画. 北京：清华大学出版社